超驚人的走路瘦身法

1天30秒，用對方法走路就能瘦！

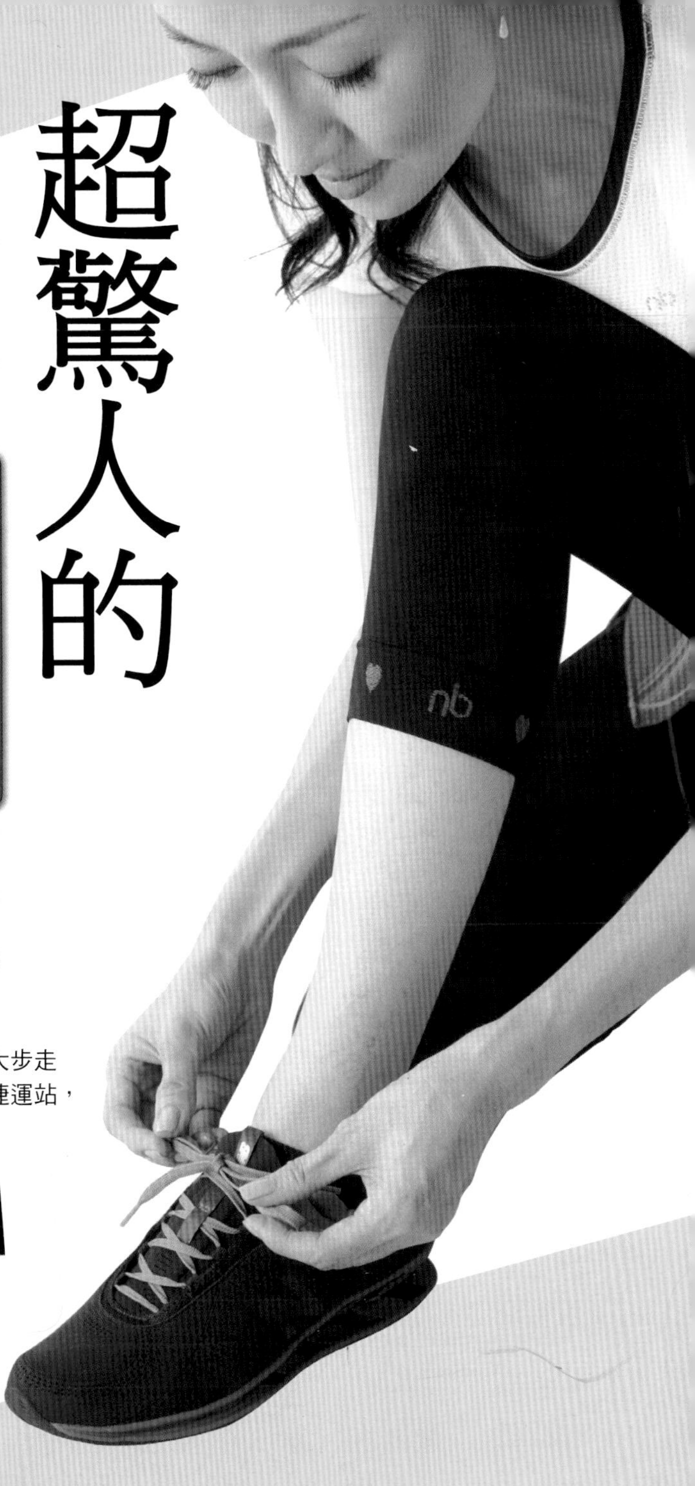

有氧活動，擺動手臂，跨大步走
每天早上從家裡到公車、捷運站，
就能擁有完美的身材~

前言

雖然我已經快50歲了，可是體重卻和20年前完全一樣。我在34歲剛生產完的時候也曾經爆肥過。懷孕時我增加了14公斤，生產後忙著照顧小孩，生活穩定竟然發現自己比生產前胖了9公斤！

我從20幾歲開始擔任時尚模特兒近10年的時間。這是一個充滿新鮮刺激的工作，每天穿著新潮的服飾，走上伸展台展現自我，接觸國外各大高級品牌；為了將自己的美發揮到最極致的狀態，一直以來我都煞費苦心地去維持我的外型。一時之間，我無法接受爆肥的自己，因為我打算生產後在當家庭主婦之餘，也能回去兼差做模特兒。但我知道如果我不下定決心減肥，我可能再也無法回到伸展台上。

說巧不巧，以前我工作過的百貨公司的業主，突然找我去擔任他們百貨公司活動的「走路法指導顧問」。過去我雖然走過伸展台，可是並沒有指導過別人如何走路，只能盡量教授昔日當模特兒時的走路技巧，而對方也欣然接受我的提案。意外的是，這次的活動卻大受好評，本來只打算辦一次的活動，最後卻變成了一系列的課程。久而久之，這就變成了一個定期的走路課程。

開課半年，我發現我的體重竟然就回到了懷孕前的狀態。沒錯，我瘦了9公斤！

我並沒有做什麼特別的事。只是專心地檢查學生的姿勢，做一些矯正姿勢的運動，並用正確的方式走路。這時，我意識到原來瘦身的關鍵就在姿勢和走路方法！之後我陸續在全國各地的走路活動和教室中，向3萬多人倡導姿勢和走路法的重要性。

女性到了30、40歲體型就會有所改變，生了小孩後身材也很容易變形。但只要運用正確的走路方式，就可以像我一樣擁有「不易胖」的體質。

這一套走路法既不用上健身房，也不用使用特別的道具，動動身體就可以實現，卻為我的身體帶來了莫大的變化，希望各位也能跟我一起享受這份喜悅。相信不久後，大家都能展現前所未有的自信與美麗。

CONTENTS

※「走路瘦身法」的減重效果因人而異。

STEP 3 走路法篇

光走路就能瘦！
走路瘦身法

STEP 4 應用篇

＋藉由運動
讓燃脂效果UP!

STEP 5 日常篇

讓生活行為變成減肥的一部分
「順便運動法」

親自指導過3萬人後歸納出易胖體質共通的「不良姿勢」

我擔任過各種走路課程活動以及企業研習的講師，幫助過各式各樣的人調整姿勢和走路方式，到目前為止總人數已超過3萬人。看過了這麼多人的走路方式後，漸漸歸納出姿勢和走路法的「法則」。

易胖體質的人都有共通的姿勢不良問題。此外，用不正確的站姿和走路方式的人，大腿、腹部、小腿部分的體型都會走樣變形。

聽起來似乎很恐怖，但換句話說，「只要你的姿勢和走路方式正確，身材就會變好！」了解正確的方法，並持續實行下去，你就可以得到夢想中的易瘦體

質。只要能徹底做到我接下來教授的方法，不用做激烈的運動，也不用特別去限制飲食，也能達到瘦身的效果。總之，「姿勢正確」就萬事OK啦！

光靠走路就能瘦!!
「走路瘦身的法則」

在實行走路瘦身法之前，先訂好明確的目標。可以拿憧憬的藝人和模特兒當目標，也可以舉出具體的數字。據說1個月減重2公斤最為合理，也比較不容易復胖。

首先，你要先了解肥胖的原因在於身體的歪斜。所以，為了要保持正確的姿勢，打造易瘦體質，先來檢查一下你現在的姿勢，再來實行正確的站姿及「核心運動」，每個姿勢都要確實運用到身體軀幹的力量。

「走路瘦身法」就是持續實行一連串正確的姿勢，維持基本的姿勢後，再開始走路。你可以加大步伐和手腕的擺動幅度，這樣可用的身體範圍也會比較廣。待你能控制好自己的走路方式，再開始實行1天20分鐘的動態走路法，來提昇效果吧。骨盤運動和扭轉軀幹都有雕塑的效果。

練習一段時間後，不妨繼續挑戰優雅走路法，來提升你持續運動的動機。一面想像變美的自己，同時練習走路；別忘了，想像的訓練，也是瘦身過程中不可欠缺的一環喔。

STEP 1

檢查身體歪斜的程度，擊退「肥胖原因」

徹底了解自己身體的歪斜程度。身體歪斜，不僅會造成水腫和腰痛，也會讓腿部和腹部體型走樣。日常生活中的小細節都會成為歪斜的原因，早發現早矯正，才能盡快擊退脂肪，成為瘦身美人。

STEP 2

用核心運動，學習「易瘦的姿勢」

試著調整姿勢，消去多餘的脂肪。我指導走路法已長達15年，在上走路課程或指導活動時，都會使用「核心運動」。在調整姿勢的同時，也能雕塑大家最在意的腿、臀部曲線和下腹部。剛開始1天做30秒即可，等你能掌握整個流程，1天則可以實行數次。

STEP 3

用正確的走路方式來燃燒脂肪！

學會正確的走路方式後，就開始將基楚走路法導入你的生活吧。只要改變平常生活時的走路方式，運動量自然就會增加。有所改變後，再加入1天20分鐘的動態走路法，來加速體內脂肪的燃燒吧。

STEP 4

＋藉由「運動」來提昇脂肪燃燒的效果

如果想要早點看到成果，可搭配核心運動一起實行。如能導入核心運動，即可鍛鍊肌肉，提高基礎代謝量。基礎代謝量提高後，即可輕輕鬆鬆打造易瘦體質囉。

不復胖的體質 走路的「3大優點」

走路瘦身法的優點有以下3點。

第1點是有輕鬆自然的瘦身效果。肥胖的最大主因在於攝取的熱量和消耗的熱量無法平衡，因此只要能改善飲食的方式，並有效率地運動身體，即可打造易瘦體質。

第2點是可讓心情愉快，具有安定心靈的效果。很久以前，南無阿彌陀佛和修行僧都會做一種名為「步行禪」的修業。在瑜珈中的「拜日式」即是在接受太陽的能量下，實行一連串的動作。由此可見，走路有助於提高注意力和整理思緒。

第3點即是能獲得美麗的身材曲線。走路瘦身法讓你的身材更加緊實。這是單靠控制飲食所無法達到的效果。改變姿勢和身體曲線後，你的衣著也能徹底穿出自己的品味，提高自身的吸引力。

1 Diet & Health

◎打造「易瘦體質」
◎提高基礎代謝量
◎加速老舊代謝物排出
◎改善肩頸僵硬、腰痛、水腫以及便秘

3 Beauty

◎調整骨架
◎使肌膚水嫩有光澤
◎提高外在的吸引力
◎穿出自身的品味

2 Relax

◎放鬆效果
◎愉悅感
◎集中注意力
◎整理思緒

本書的使用說明

STEP 3 走路法篇

走路即可瘦身唷！

光走路就能瘦！走路瘦身法

提高基礎代謝量
打造不復胖的
「易瘦體質」！

STEP 1 準備篇

自己來檢查看看身體的歪斜狀況！

STEP 4 應用篇

＋藉由運動讓燃脂效果 UP!

簡單的運動就可以
改變身體曲線喔！

STEP 2 姿勢篇

用核心運動來修正姿勢

STEP 5 日常篇

讓生活行為變成減肥的一部分「順便運動法」

DVD收錄

在DVD中，會簡單介紹本書中走路瘦身法的技巧。務必參考DVD中介紹的要點，徹底實施正確的走路方式。

約18分鐘，©Yoshimi Takaoka／TRANSWORLD JAPAN INC.

DVD使用說明

- 此DVD可使用DVD播放器或電腦播放觀賞。
- 部分規格不符的播放器無法放映此DVD，敬請見諒。
- DVD播放器的操作方式，請參照播放器說明書。
- 使用DVD時，請不要在DVD片上沾上指紋、髒污和刮痕等。
- 因安全考慮，請勿使用有破裂、變形或用接著劑修補過的DVD片。
- 請勿在陽光直射、高溫潮濕的地方使用或收藏DVD。
- 本書和DVD中收錄的內容，在法律上嚴禁拷貝、轉載、公開播放等。

STEP 1 準備篇

自己來檢查看看身體的歪斜狀況！

不正確的姿勢會成為「肥胖的原因」。
先好好檢查一下自己的姿勢，
將不正確的姿勢改正過來吧。
這裡將介紹一些簡單易實行的自我檢查方式。

姿勢不良就是你「肥胖的原因」！

只要我們活在這個世界上，就會用到各種姿勢和走路方式，而我發現，擁有肥胖體質的人都有一些共通的姿勢問題，這是非常危險的一件事。

因為，站姿不正確，就會使用到非必要部位的肌肉。例如，大腿外側和小腿肌肉緊繃，日積月累之後，你的腿就會愈來愈壯碩。而你的粗腰寬臀也極有可能是身體的歪斜所致。如果遲遲不去改善，這些易胖的姿勢就會成為你習慣的一部分。

想要獲得美麗的曲線，打造易瘦體質，首先就要了解現在身體的狀態。在此，我會介紹幾個簡單的小

技巧，讓你可以自己檢查身體的歪斜程度。如果在檢查的過程中，你發現自己符合其中的項目，就趕快矯正你的姿勢吧。

哪些是使身體歪斜的「不良姿勢」？

這些姿勢會導致身體歪斜，你是否有這些不良的姿勢呢？

蹺二郎腿、長時間用同一側背包包等不良習慣，都會導致身體歪斜。除此之外，看電視時習慣側躺，用單手撐住頭也會對單側造成壓迫，讓臉歪一邊！在追求完美體態前，先努力改善這些生活習慣，把身體矯正過來吧。

走路時，因為重量，背包包那側的手臂向下傾

走路時，背包包那側的手臂向上傾

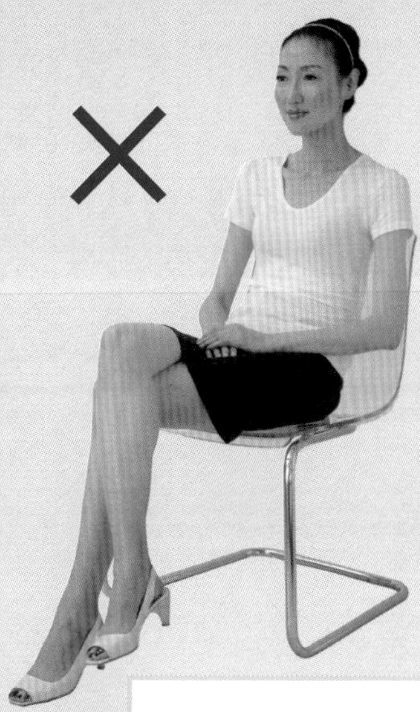

腰部歪斜

蹺二郎腿

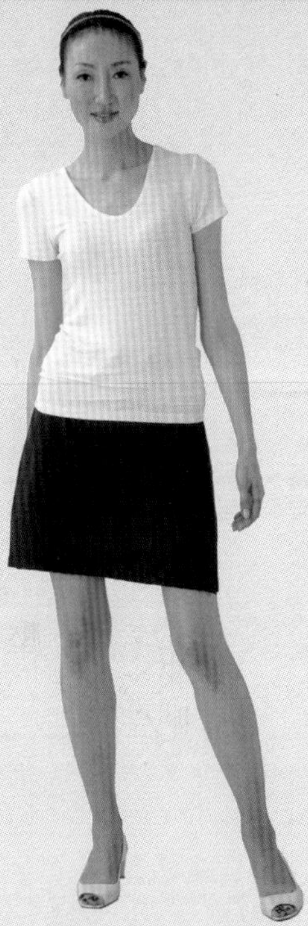

腰部扭轉

站立時將重心
放在單腳上

這些不良習慣
會讓你身體歪斜
造成易胖體質!!

臉歪一邊

看電視的時候，將手
肘靠在桌上，或看電
視時側躺，以手撐臉

腰部扭轉

側坐

檢查身體的歪斜 I

將背貼緊牆壁

將背部垂直貼向牆壁，即可自己檢查身體有無歪斜。在背部貼牆時，頭、肩胛骨、臀部、腳後跟都必需要貼近牆壁，牆壁和腰際間要能放入一個手掌的空間。這個檢查，可讓我們注意到原來我們平常其實並沒有「站直」，一不小心姿勢就會有所歪斜，必需隨時緊縮下腹部。

注意!! 這些是不良姿勢

×

駝背凸腹型

腹部受到壓迫、呼吸變淺、容易疲勞。腰部下沉，使你給人陰沉的感覺。

×

胸骨前傾型

胸骨及骨盤前傾時，腰部就會受到壓迫，造成腰痛。體型會看起來像小孩子。

將背貼向牆壁
肩膀放鬆

CHECK 2

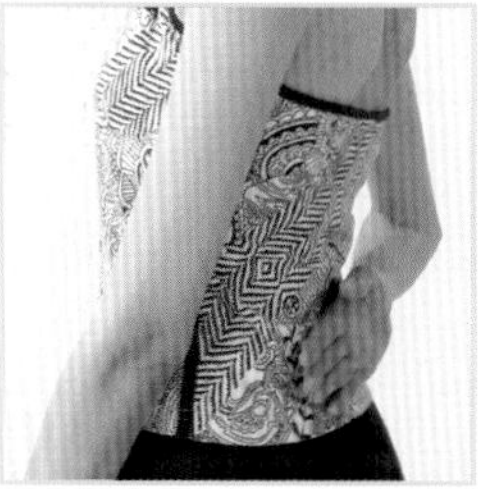

牆壁和腰際間必須要放得下一個手掌。空間不夠或空間過大，都會造成身體歪斜。

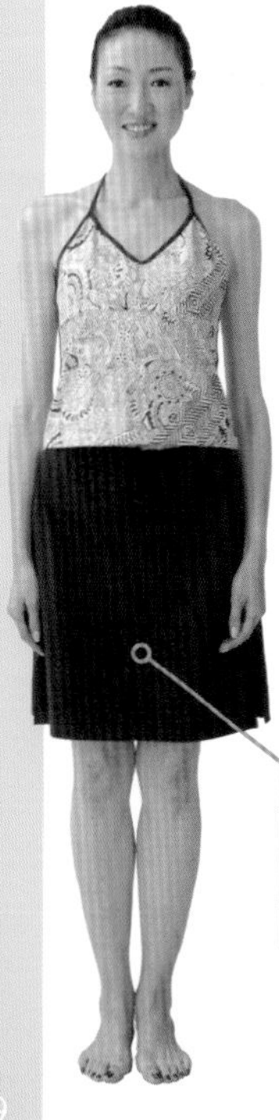

◎ 從正面看上去的姿勢

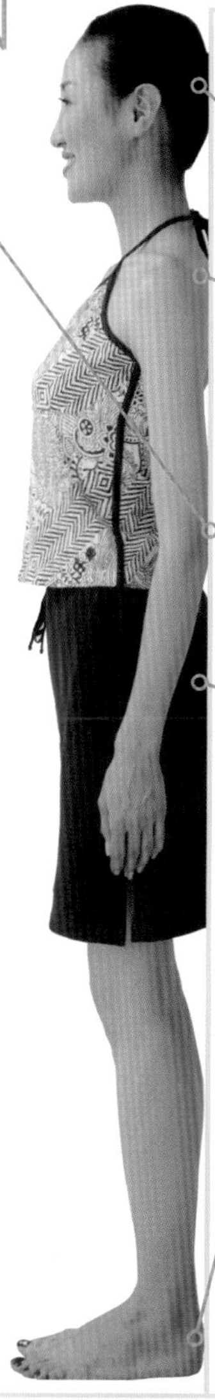

CHECK 1

頭

肩胛骨

臀部

腳後跟

這4個部位完全貼緊牆壁即OK!!

仰睡

仰睡可讓身體徹底放鬆，消除身體的緊張感。身體放鬆後檢查一下兩腿的開合情況，透過觀察腿的開合情況，即可知道你的髖關節和脊椎有沒有歪斜。

側睡的人要注意！

側睡時，重心會移至肩胛骨，肩膀向內側凹，容易造成下巴關節脫節，造成嘴歪臉斜的狀況發生。習慣側睡的人，可能已經習慣將身體歪向一邊。

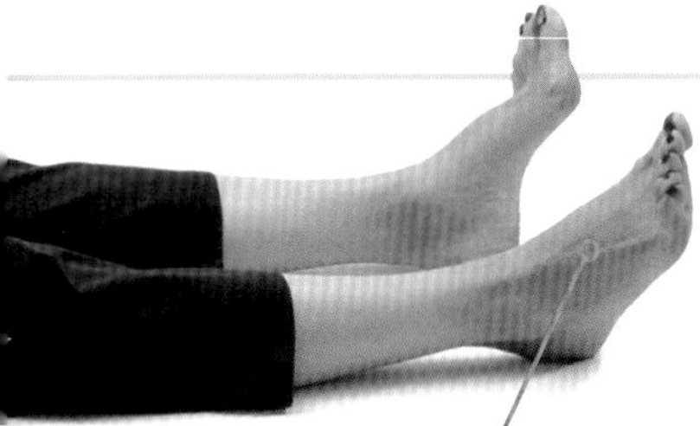

CHECK 1

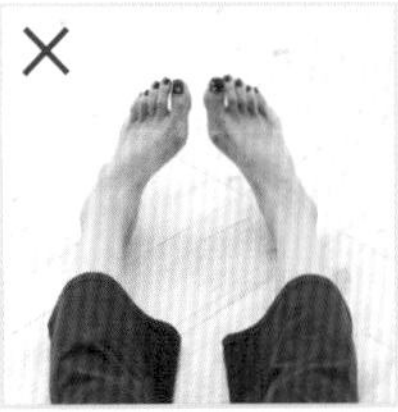

腳尖朝向內側，走路會內八。讓大腿和小腿外側形成不必要的肌肉。

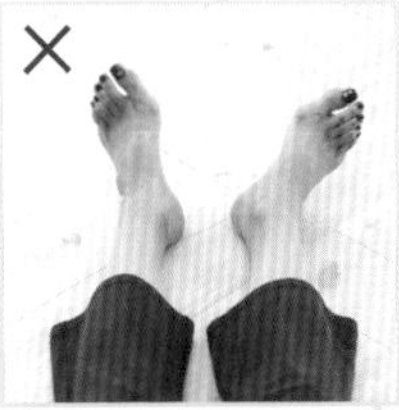

單腳倒向外側，雙腳不呈等距時，會使骨盤扭轉。

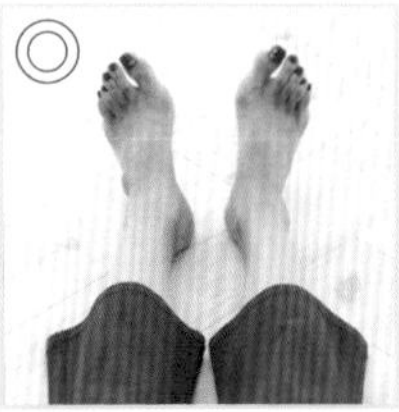

將腳尖朝同樣的角度打開，外側以等距間隔打開。

仰躺在地板上 徹底放鬆

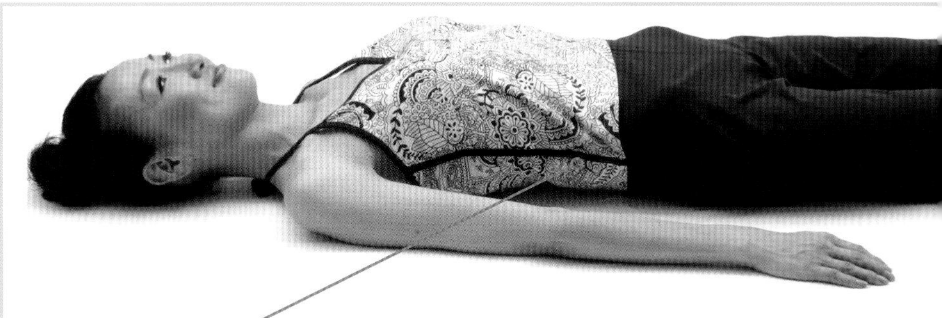

CHECK 2

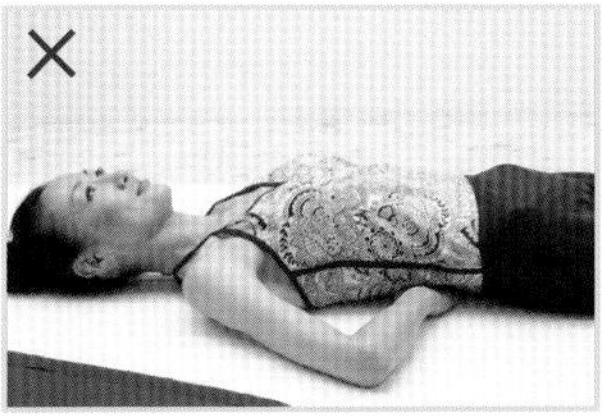

×

地板頂到尾骨感到疼痛，且地板和腰際間空間過大，代表骨盤有前傾的狀況發生。如果太過緊貼地面，完全沒有空間時，代表你將身體的重量完全放在脊椎的部位，無法靠睡覺來消除疲勞。

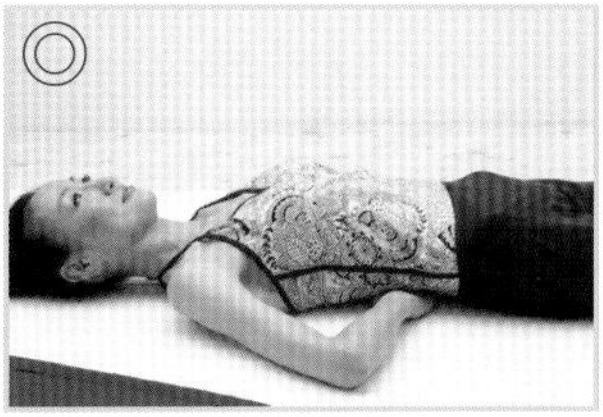

◎

地板和腰際間，要有一個手掌的空間。

將雙手在背後合掌

坐辦公室的人，很多都會駝背，肩部向前傾。將雙手在背後交疊或合掌，可增加肩部的可動區域，檢查胸部肌肉的柔軟度。首先將雙手交疊於身體後側，再檢查看看是否能做到合掌的動作。如果肩膀和手肘的部分有疼痛的感覺，則無需勉強。

雙手在背後交疊

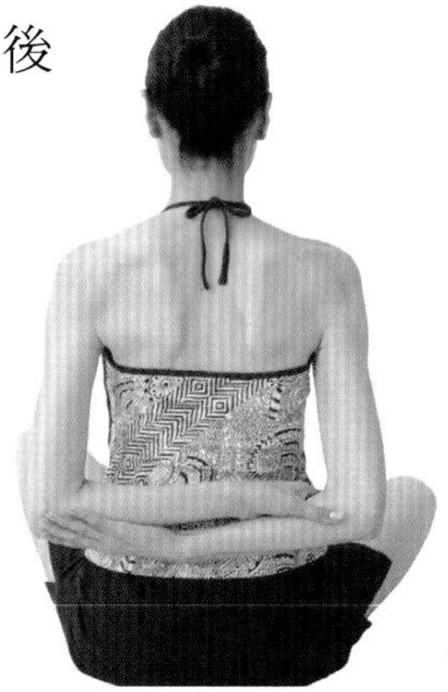

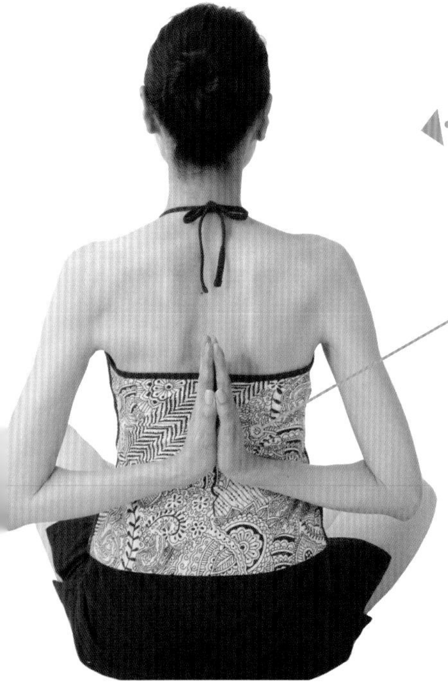

雙手在背後合掌

CHECK 1

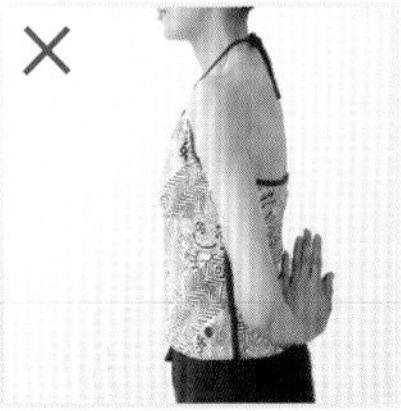

×

雙手合掌後，肩部會向前傾，胸部呈緊閉的狀態，則NG。

◎

挺起胸膛，將姿勢調正後，如果雙手能在背部正後方合掌代表OK。

1天2次！放鬆上半身，伸展肩胛骨

如果雙手無法在背後合掌的話

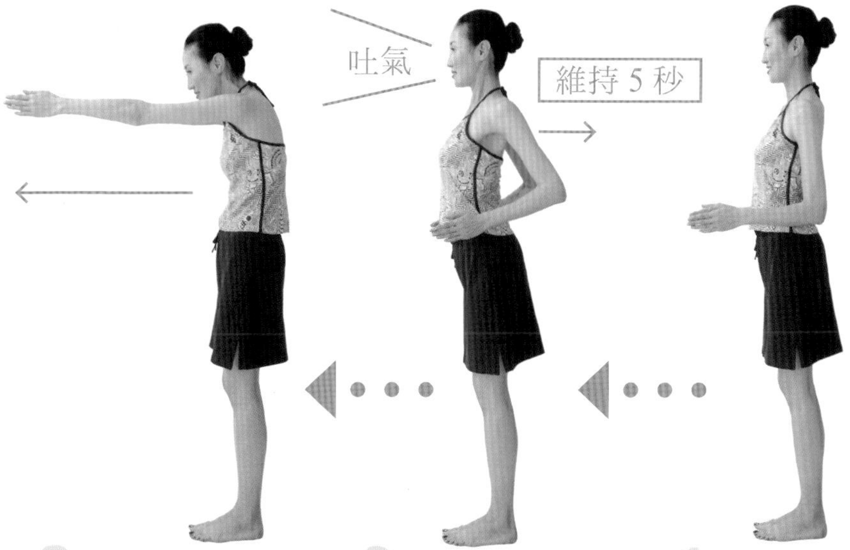

3 手臂向前延伸

手臂慢慢向前延伸，伸展左右側的肩胛骨。

2 手肘朝向後側

將手肘往後拉，肩胛骨向後靠，開啟胸骨。維持這個姿勢5秒鐘。

1 手肘呈90度彎曲

手肘呈90度彎曲，站直朝向正面。

看鞋底的磨損程度

從鞋底磨損程度，即可看出那個人的走路方式，判斷其身體有沒有歪斜。找一雙常穿又合腳的鞋子（高跟鞋除外），確認兩腳的磨損情況。

✕腳後跟外側

走路時膝蓋外開、腳後跟磨損的拖鞋式走法。可能是鞋子太過寬鬆。

✕外側

走路時重心放在外側，多為走路內八或O型腿。

✕腳弓＋腳弓後方

以腳弓後側一帶著地的人，雙膝會靠近，呈X型腿。

✕外側＋腳後跟

拇趾外翻的人為了減輕腳部負擔，最容易發生。

GOOD!

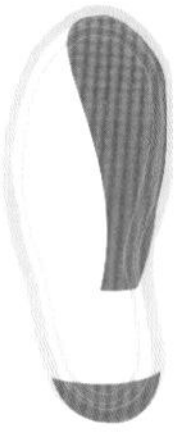

內側＋腳後跟

走路姿勢正確的人，鞋底磨損部位。

原地踏步

身體歪斜時，就算剛開始在同一個地點踏步，最後也會偏離原先的位置。偏離的幅度愈大，代表身體歪斜的程度愈嚴重。

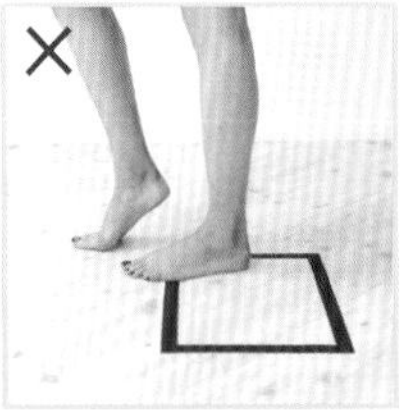

踏步時如發現身體偏離原來的位置，或偏離至長方形框之外，代表骨架有所歪斜。

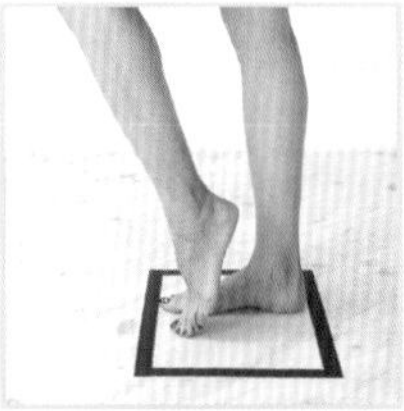

用膠帶在地板上貼出一個B4尺寸的框，閉上眼睛在框內原地踏步30～50次。

※B4尺寸（257×364mm）

檢查身體的歪斜 VII

從洋裝來看身體的歪斜程度

身體歪斜程度較為嚴重的人，可從洋裝的下擺和領口的位置看出來。面對鏡子，將肩膀放鬆。如果發現這時身體有歪斜的情況，請立刻改正身體歪斜的習慣，用核心運動來矯正姿勢。

面向鏡子觀察全身的狀態

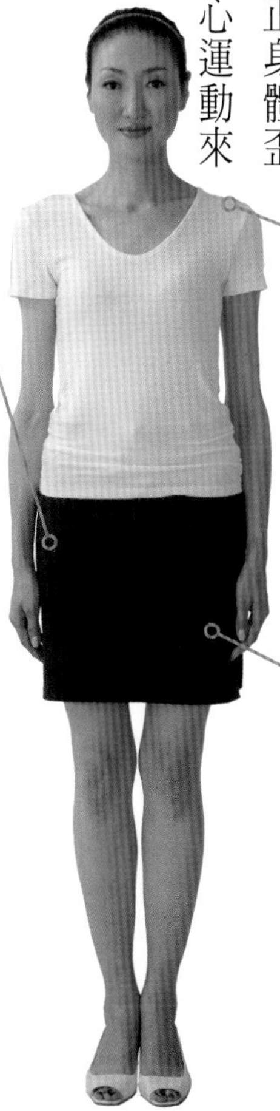

CHECK 3

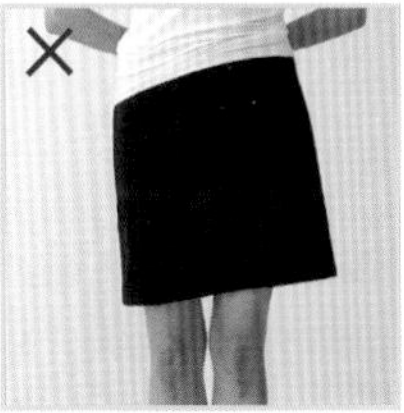

檢查裙子的下擺、腰部的線左右是否在同一平行線上。

CHECK 1

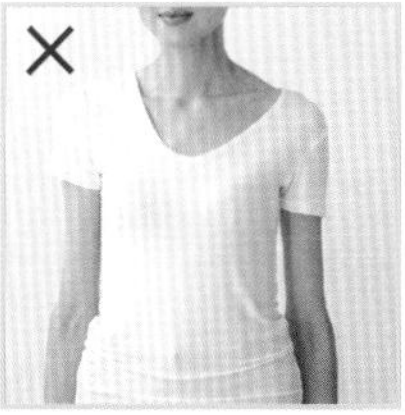

請確實檢查身體左右兩側是否有歪斜的狀況發生。

CHECK 2

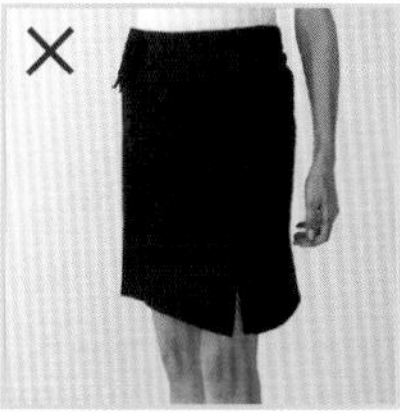

行走時，檢查裙子的位置會不會跑掉，以及腰部拉鍊位置有沒有歪掉。

用照片來檢查

如果沒有全身鏡，可請別人替你拍張照，用照片來進行確認。這時，可從正面、側邊、後面來進行攝影。

Beauty Column

美麗專欄

1 沐浴後是培養「女人味」的最佳時光

我工作的時候，必需要在很多人面前講話、走路，運用到身體全身的力量，除了化妝和時尚以外，也要注意身體的保養。

身體保養對女人來講是一段很重要的時光，可完全消除整日的疲勞感。剛洗完澡時，是培養女人味的最佳時光，打開間接照明，設置蒸氣機。用香氣四溢的身體乳和按摩油按摩一下身體，瞬間為你帶走所有的疲勞。此外，身體保養也可讓你每天細心觀察自己的身體，抓住所有的變化。

讓我來為各位介紹我在身體保養後所察覺到的事。因為我常常將頭髮綁起來，所以我也很注重頸部的保養，特別是在室外行走時，我會特別注意防曬和事後的保養。用大塊的化妝棉沾滿化妝水，敷在頸部的前後側。頸子也屬於臉的一部分，所以在用化妝水和乳液保養做臉部保養的同時，也順便保養一下頸部吧。小心保養，你的頸部才不會出現細紋。

STEP 2 姿勢篇

用核心運動來修正姿勢

站立時請意識身體的中心軸和重心，
學習正確的基本姿勢。
1 天花 30 秒做核心運動，
即可習得「正確的姿勢」。

這樣的姿勢，讓你「永不發胖」！

姿勢是所有動作的基本，在開始走路前，請先確認身體的中心軸和中心，運用身體軀幹的部分，學習正確的姿勢。

首先，先試著去感覺自己身體的變化。只要用心去感覺身體的重心，你會發現其實「站立」這個簡單的動作其實也會運到到很多肌肉。重點在臀部、大腿內側和丹田這三個部位。意識到這三個部位後，你就可以正確使用身體的中心軸，保持正確的姿勢。

此外，本章還會介紹有矯正姿勢功效的「核心運動」，只要花30秒鐘的時間，每天持續這些動作，你就可以擁有端正的姿勢，讓你的身體宛如新生。

姿勢正確除了可以提高基礎代謝量，讓你擁有美麗自信的傲人身型，讓你成為天生的衣架子，好處說不完。只要你花時間將你的姿勢矯正過來，成為你生活習慣的一部分，身體自然而然就會記住那個感覺，之後就算不花時間去練習也不用擔心會忘記喔。

意識重心位置

自然站姿時，請將身體的重心放在腳底內側。把重心放於內側，就可自然運用到大腿內側的內轉肌，打造苗條筆直的雙腿。並有消除身體腫脹、預防腰痛的效果！

易胖的重心位置

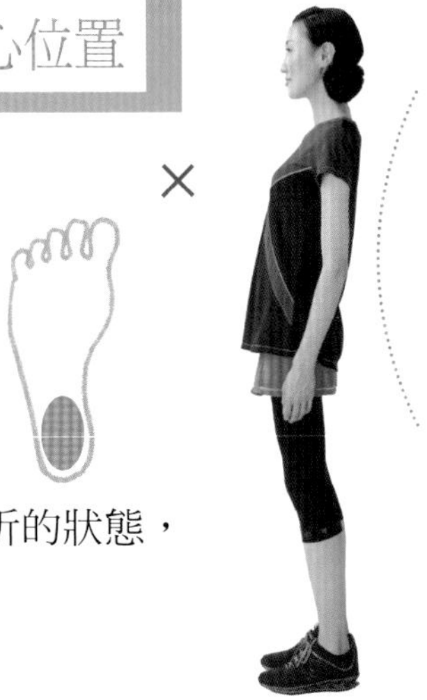

重心在腳後跟

脊椎會呈反折的狀態，引發腰痛。

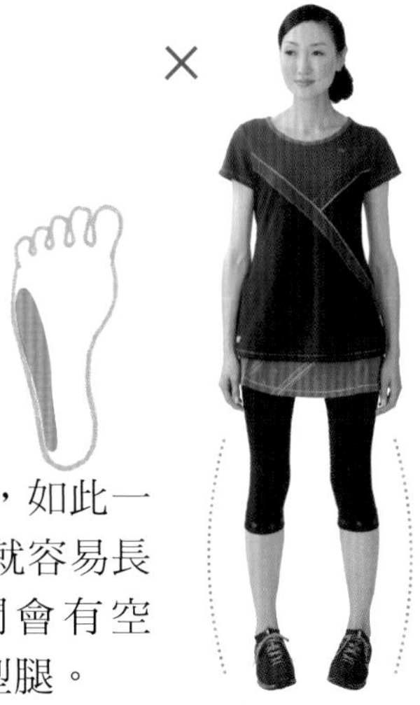

重心在外側

變成外八字，如此一來大腿外側就容易長肉，膝蓋間會有空隙，形成O型腿。

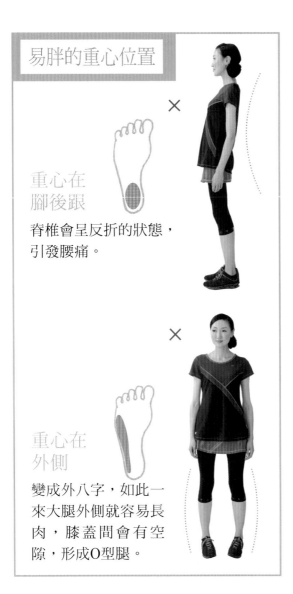

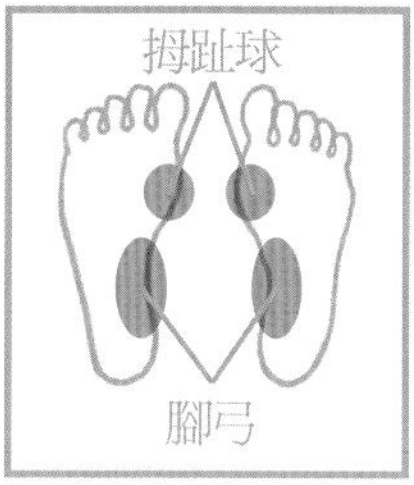

將重心放在拇趾球到腳弓的位置

重心放內側，才容易瘦！

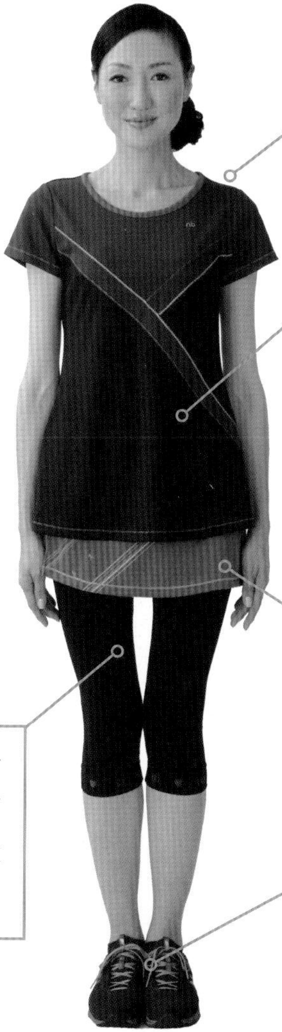
肩膀放鬆，採輕鬆站姿
肚子收緊
臀部用力
將重量放在腳弓上

如此一來自然就會運用到大腳內側和臀部的肌肉，打造苗條的身型！

意識身體的中心軸

正面　讓腳後跟、膝蓋和小腿間呈一直線，與地板垂直。

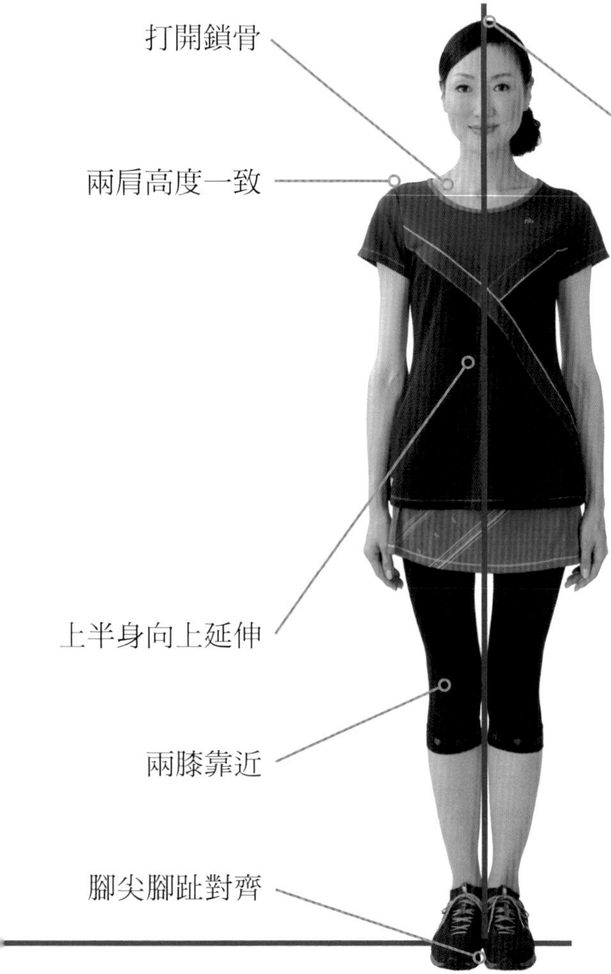
將背部沿肚臍、鼻子、頭頂一直線向上延伸

舉凡走路、跑步、運動等所有動作的基本都為「站姿」。意識身體的中心軸，也就是軀幹的部分，美麗的站姿，可讓你全身的肌肉在運用狀態。這個姿勢是「走路瘦身法」中一個很重要的程序。

確實運用身體軀幹的部分來矯正姿勢，打造易瘦體質

側邊 將身體站直，讓耳朵、肩膀、腰、膝、腳踝呈一直線。

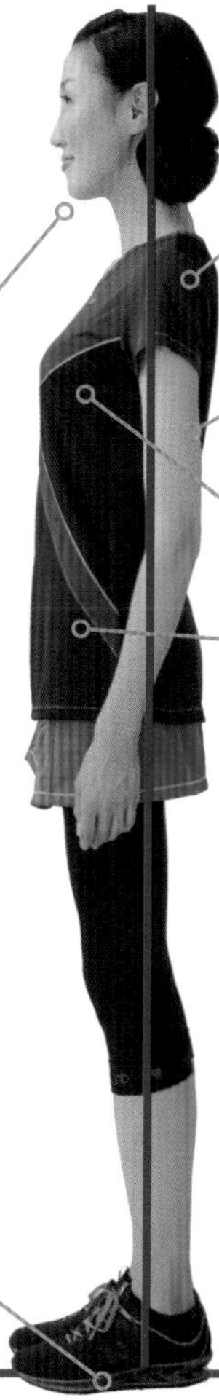
肩膀下沉，輕輕向後拉
手臂放在身體兩側
下巴和地面呈水平的狀態
意識放在胸骨和恥骨，向上延伸
將身體重心放在腳弓的位置

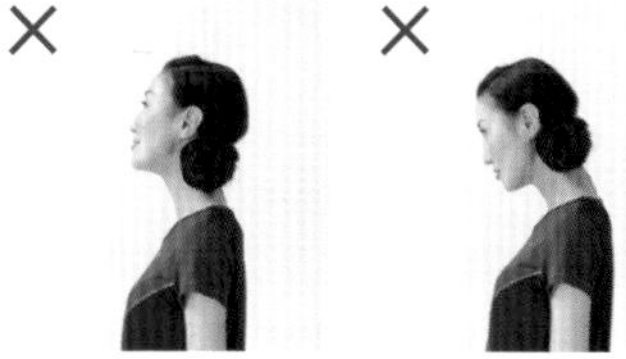

確認下巴有沒有太高或太低。

一開始可先用手指確認胸骨和恥骨的位置後，再向上延伸。

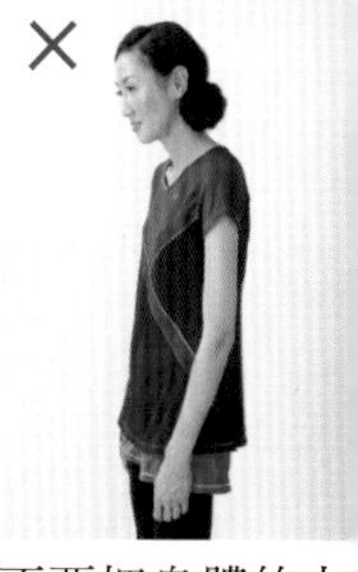

不要把身體的力量放掉。

打造易瘦體質的核心運動

1天30秒

核心運動可讓你瞬間矯正姿勢，且不會花費太多的時間和空間。專心把意識放在臀部、大腿內側、丹田這3個部位，即可有效運用你的身體，提高減肥效果。大家快將這一項練習變成你生活習慣的一部分，即可輕鬆擁有易瘦體質喔。

1 正確的站姿

雙腳對齊，盡量將大腿內側、膝蓋靠緊，採取正確的站姿。

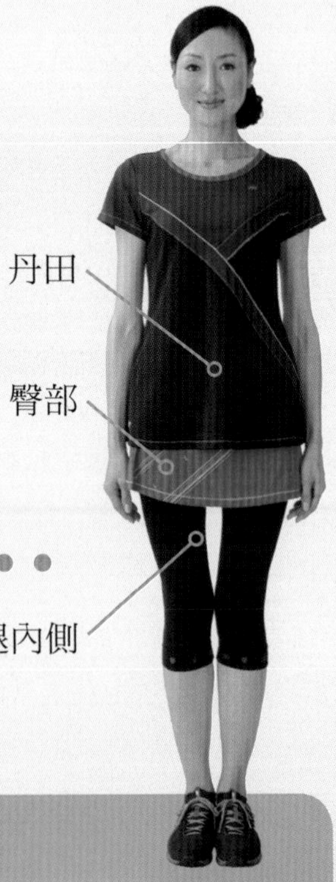

2 雙臂向上延伸

將雙手五指交扣，向上伸展，連同腹肌一起。

POINT

手臂向上延伸時不彎曲，除了手腕之外，也要確實伸展身體側邊。

STEP

2

用核心運動來修正姿勢

3 將手臂放在腦後

將雙手放到頭部後側，五指保持交扣的狀態。

4 放下手臂

收緊腹部，將雙手慢慢放下來。肩膀放鬆，回到正確的姿勢。

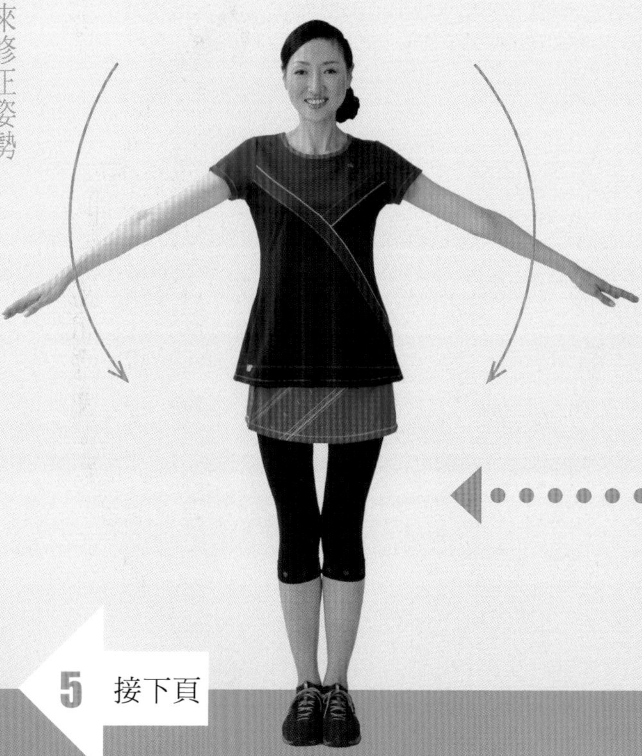

5 接下頁

POINT

手肘不前傾，應朝身體側邊打開。脊椎不前傾，直線向上延伸，確實開啟胸骨。

×

5 活動肩膀

提起雙肩，向前向後轉。

6 放下肩膀

放下肩膀，回到正確的姿勢。

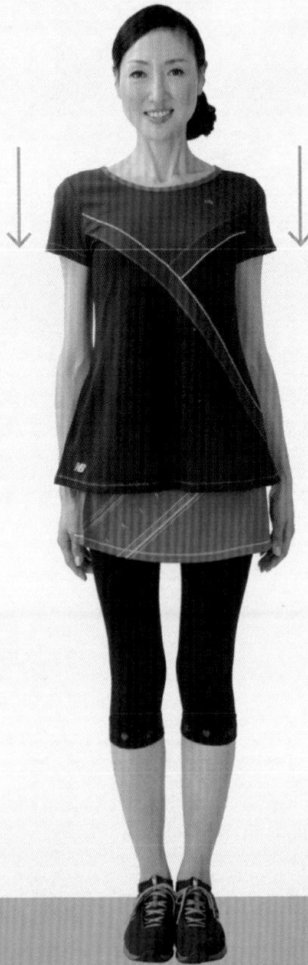

7 抬起下巴

抬起下巴，眼睛看天花板。

8 放下下巴

下巴回到和地板垂直的位置，回到正確的姿勢。

POINT

左右兩肩保持一定的高度，肩部曲線和地板保持平行。連接下巴和雙肩，如這三個點能畫一個理想的等邊三角形，即為一個理想的姿勢。

Beauty Column

美麗專欄

2

特別注意「角質層」的保養

做保養時，要特別注意手肘、膝蓋、腳後跟等角質層較厚的部位。這些部位可能沒有特別明顯，但一旦過於粗糙或色素沉澱，瞬間就會讓你失去女人味。

夏天身體露出的部位較多，到了夏天才要開始保養就來不及了。每天勤奮的保養，效果才會彰顯出來，我建議一年四季都要勤加保養才行。

保養時最好不要用力摩擦肌膚表面。在去角質時，越是用力摩擦，該部位的皮膚反而會變厚，呈灰黑色。建議用毛巾或天然海棉輕刷該部位，再塗上含有美白成份的化妝水、乳液等。

乾燥的冬天，在使用化妝水後，應做好保濕的工作。一般而言，最好每隔2～3個月，用含有顆粒狀的洗面乳來去角質。平時也要注意，不要讓手肘或膝蓋抵住地板。

STEP 3 走路法篇

光走路就能瘦！走路瘦身法

學習正確的姿勢，
並將這基本的走路方式導入日常生活之中。
加大步伐和手臂的動作，
自然就能讓你光靠走路就能瘦，
成為苗條美人。

提高走路的運動效果
讓你「走路就能瘦」，美夢成真!!

走路屬於有氧運動。有氧運動就是將氧氣導入體內的運動，可加速脂肪燃燒，放鬆心情。要瘦就要做一定程度的有氧運動，比起代表性的有氧運動：慢跑、游泳等，走路是既輕鬆也最容易嘗試的。

但是，想要走路就能夠變瘦，必需具備一些正確的知識。你現在走路之所以會沒有效果，是因為沒有抓到訣竅的關係。畢竟不是隨便走路都能夠減肥，所以不要認為自己只要「純走路」就好。如果能抓住瘦身走路法的訣竅，就能讓你每天的生活都具有良好的運動效果。

首先，請先瞭解「基礎走路法」的走路方式，再將之替換為「動態走路法」，最後再學習可讓你展現出優雅氣質，苗條顯瘦的「優雅走路法」吧。

基礎走路法（側面）

POINT
視線看向10～15m外的前方，走路的姿勢自然就會變好。

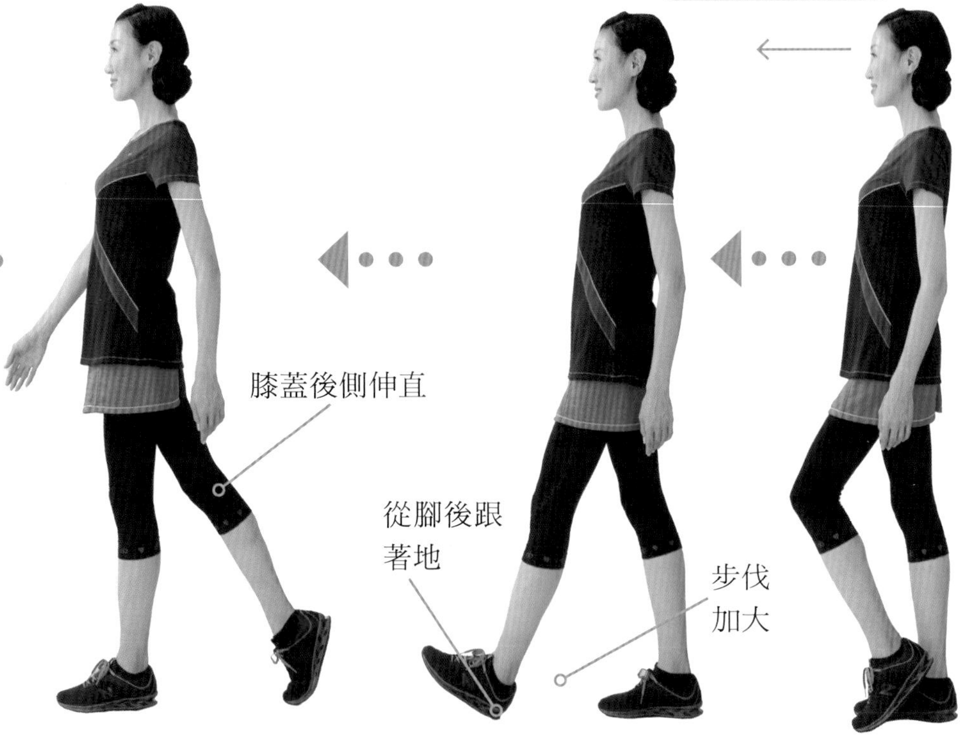

1 踏出第 1 步

將膝蓋頭朝向正前方，踏出第1步。

2 從腳後跟著地

將膝蓋以下的部位帶向前方，以腳後跟、腳尖的順序著地，步伐盡量加大。

3 將重心移至前腳

由後腳大拇趾根部的地方頂地，抬起腳後跟，將重心移至前腳。

注意自己身體的動作，諸如腳的移動方式、手的擺動方式以及腳的著地方式等。當你的步伐和手擺動的幅度加大，身體可使用的範圍就會變廣。

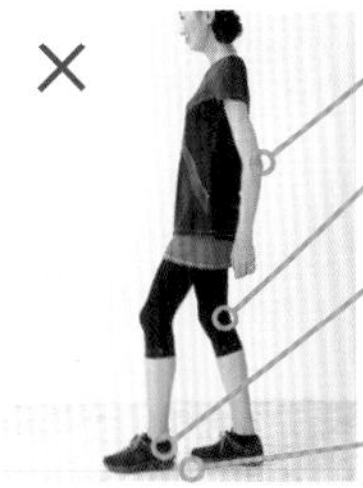

步伐變窄時，手的擺動幅度會變小，運動量隨之減少。此外，如果拖著腳走路，膝蓋就容易彎曲，無法順利將重心轉移。

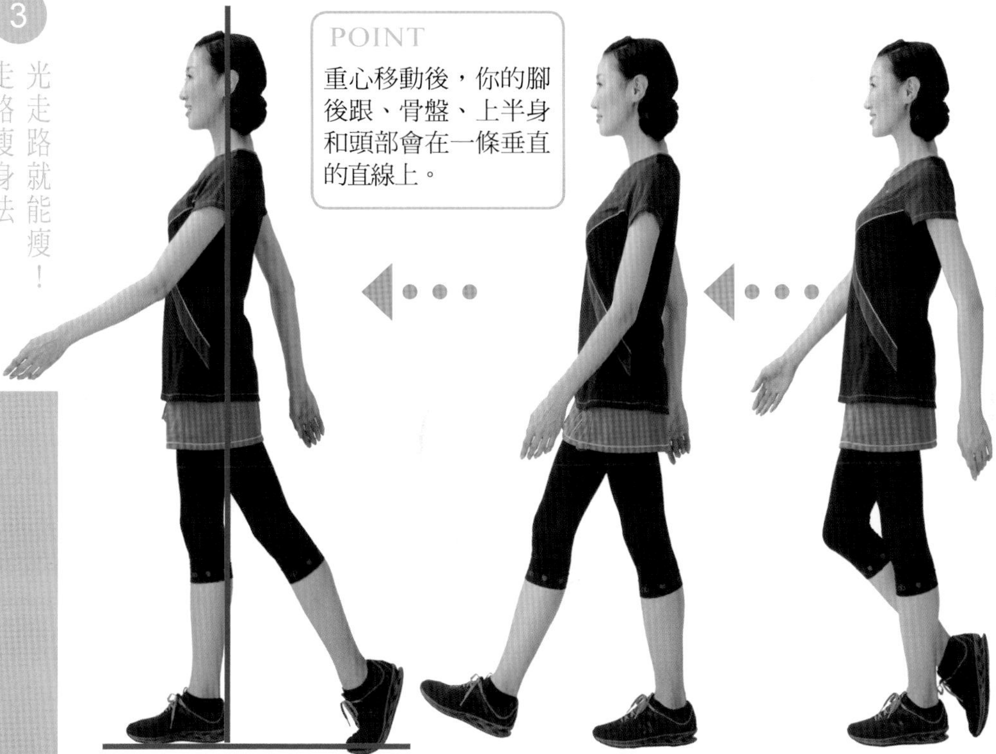

POINT
重心移動後，你的腳後跟、骨盤、上半身和頭部會在一條垂直的直線上。

4 踏出第2步

膝蓋朝向正前方，踏出第2步。

5 第2步著地

以腳後跟、腳尖的順序著地。

6 將重心移至第2步的前腳

待地板、腳、骨盤呈一條垂直線後，再移動重心。行走時把肚臍以下都當做腿的一部分。

基礎走路法（正面）

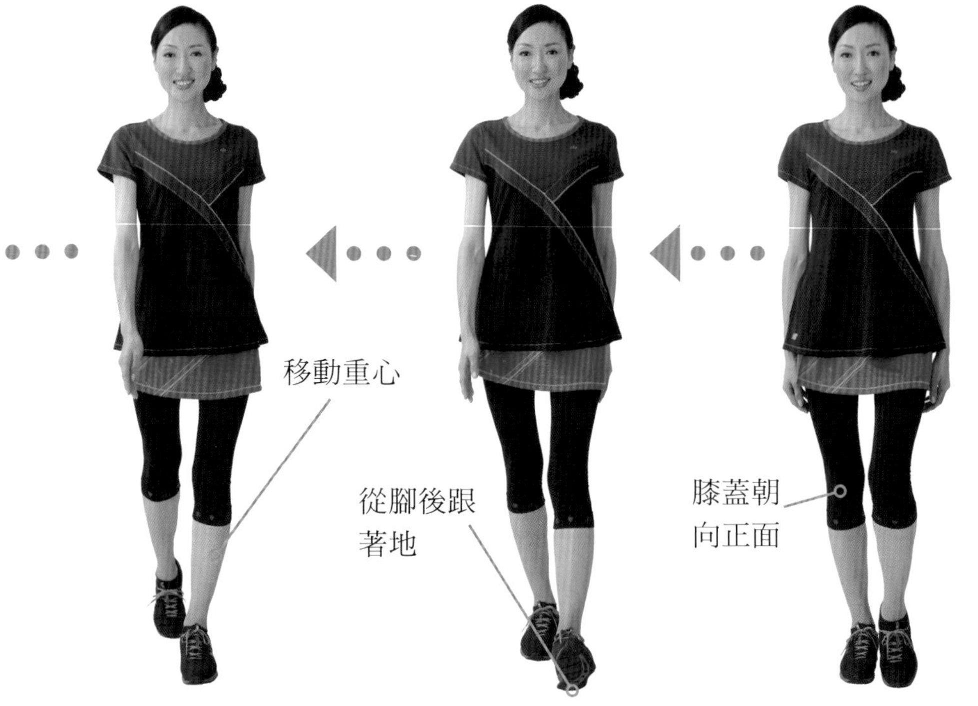

1 踏出第 1 步

2 以腳後跟、腳尖的順序著地

3 把重心移至前腳上

腳底重心的順序（流程）

從腳後跟著地後，透過腳弓將體重從腳跟移至腳尖，最後讓大拇趾能自然地離開地面，再轉移重心。

走路時手臂的擺動方式

◎

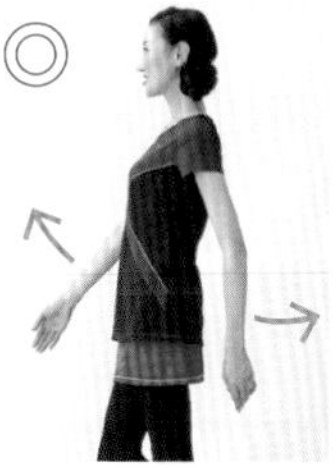

將上臂向後拉，讓上臂和背中間形成一個大空間。向後時延伸手肘，回到原處時，將手臂放鬆。

不正確的擺動方式

×

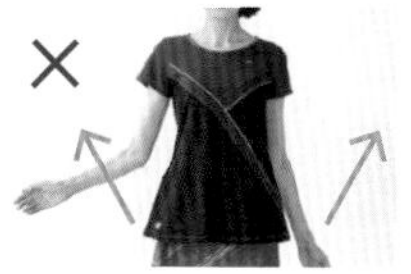

不要將手臂擺到身體後方，注意不要聳肩。

×

注意不要將手臂朝向前方，左右搖動。

走路時呈一直線

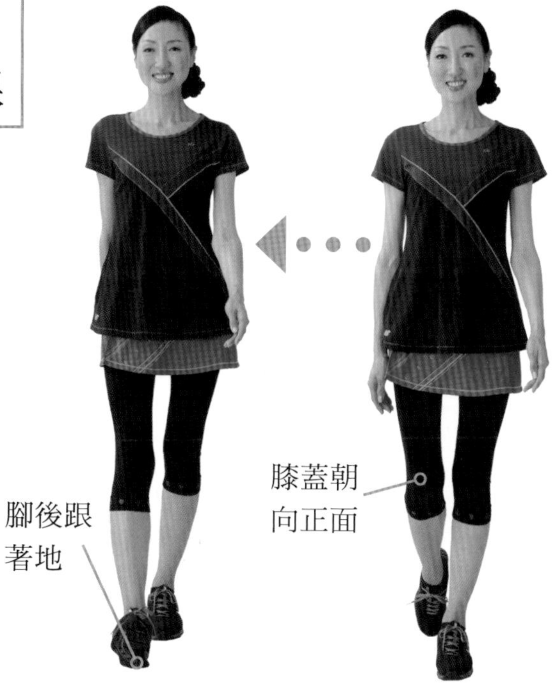

4 踏出第 2 步

5 以腳後跟、腳尖的順序著地

POINT

畫一條直線，走路時讓這條直線保持在中心，左右腳間不要有太多的空間。

動態走路法

學會基本走路法後，我們來挑戰一下運動效果高的動態走路法吧。大幅度扭轉身體側邊，這樣將會使用到大腿後側到臀部的肌肉，有很好的雕塑效果！除了下半身外，還可以訓練胸肌、上臂以及上半身。

此外，想要有效率地燃燒體脂，把「平靜時的心跳」提高為「目標心跳」是很重要的。剛開始可以用緩慢的速度行走，之後再慢慢加快。接近目的地時，則放慢步調，做一些伸展運動，降低心跳數。

開始走路前

補充水分

開始動態走路法的前後，都需補充水分。在走路過程中，即使沒有口渴，也要隨時補充。

測量心跳數

早上起床時，測量一下平靜時的心跳數。在實行動態走路法時，可測量心跳數，讓心跳維持在一定的標準。

動態走路法的「目標心跳數」
＝【（220－年齡）－平靜時心跳數】
×50～60%＋平靜時心跳數

※一般成人的平靜時心跳數為50～70下。

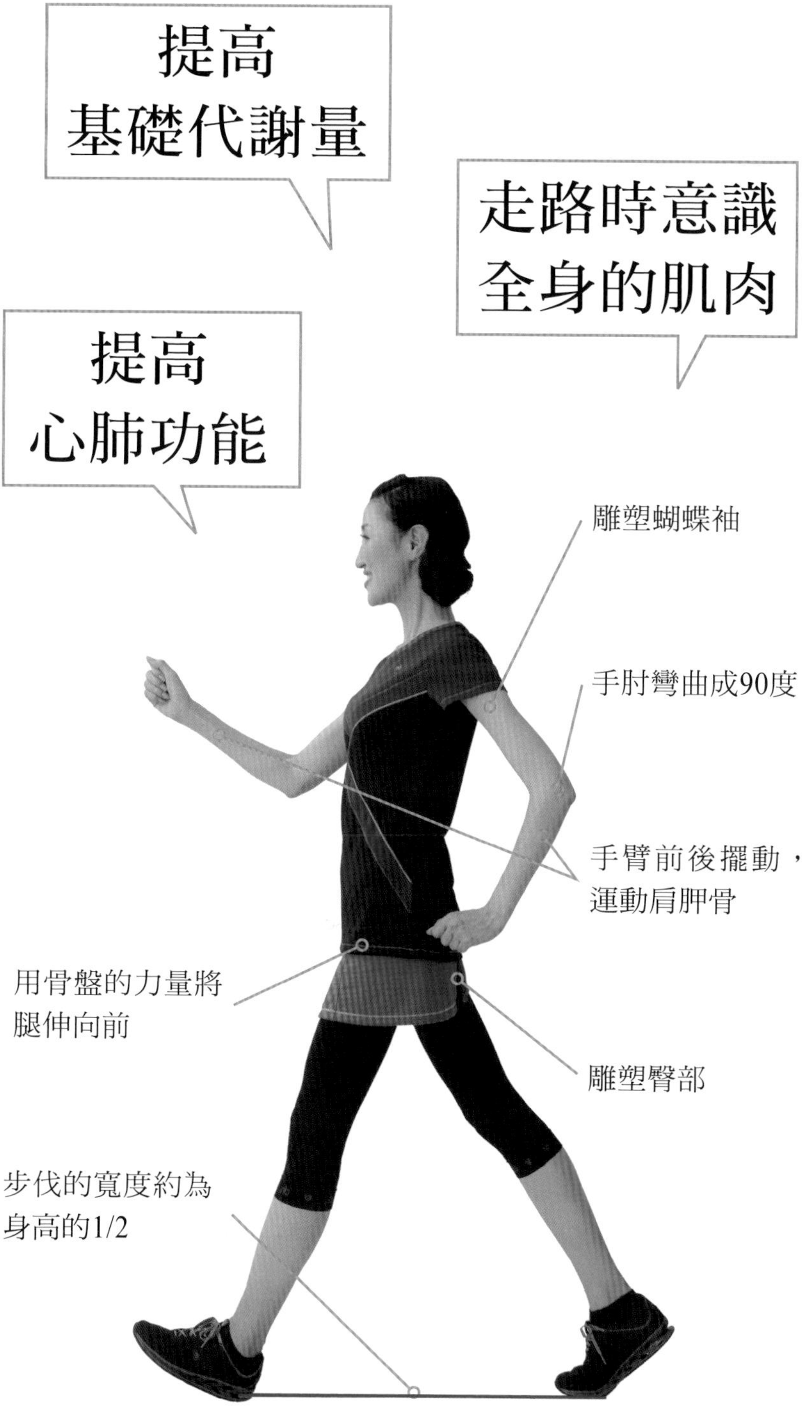
提高
基礎代謝量
走路時意識
全身的肌肉
提高
心肺功能
雕塑蝴蝶袖
手肘彎曲成90度
手臂前後擺動，
運動肩胛骨
用骨盤的力量將
腿伸向前
雕塑臀部
步伐的寬度約為
身高的1/2

1 踏出第 1 步

手肘彎曲呈90度，
腳踏出第1步。

2 第 1 步著地

大步踏向前，用腳
後跟著地。手肘自
然地前後移動。

3 將重心移至第 1 步

將重心完全移動至
前腳，同時延伸後
腳的膝蓋。

剛開始
1 天
20 分鐘！

來試試動態走路法吧

習慣後以 1 天走 40 分鐘為目標！

4 踏出第 2 步

將膝蓋朝向正前方，踏出第2步。

5 第 2 步著地

以腳後跟、腳尖的順序著地。

6 將重心移至第 2 步

意識手臂的肌肉，大幅擺動雙手

×

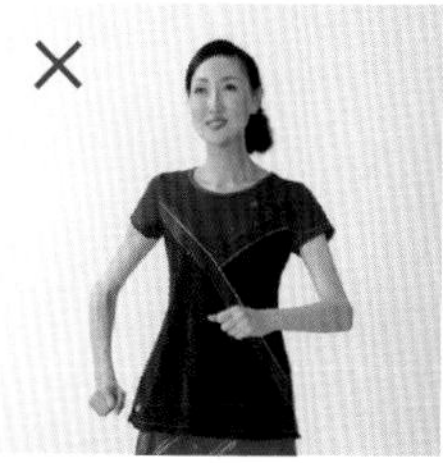

不正確的擺動方式

如果手肘沒有呈90度，或擺動時身體沒有出力，就是不正確的擺動方式。

◎

正確的擺動方式

將手臂置於身體側邊，意識上臂的肌肉，大幅度擺動手臂。

優雅走路法

專業的模特兒會利用視覺效果，讓腿看起來更長更美。左右腿前後交疊，營造美腿視覺效果的優雅走路法也是其中之一。請想像自己走在伸展台上，讓自己享受一下巨星的風采。

腳的移動方式會讓整體的形象全然不同

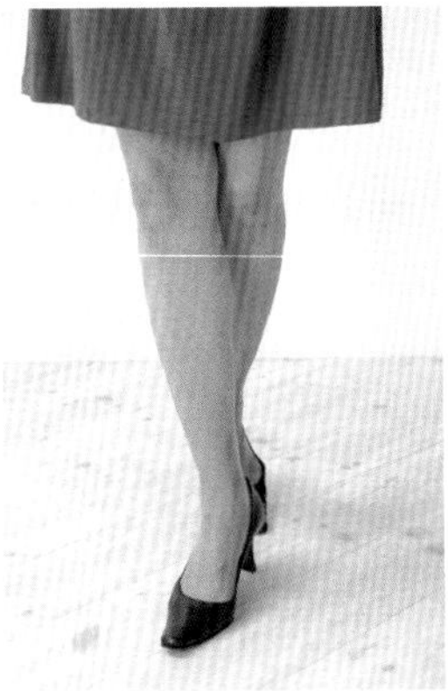

優雅走路法可讓你散發出女人味，最適合用在華麗的派對或精心打扮後。這個走路法的重點在於走路時左右膝要互相磨擦，彎向內側。

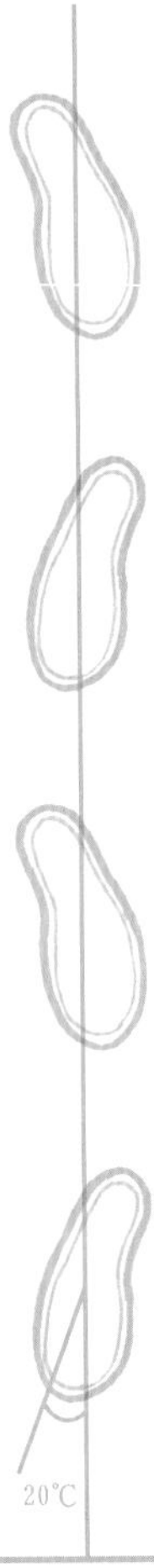

腳走在一條直線上，腳後跟踏於中心線內側，腳尖呈20度朝向外側。以這個方式走路，骨盤就會變得很柔軟，身體的曲線也會散發出獨特的優雅。

讓你的腿看起來又細又長

◎

手肘輕輕向後，呈現優雅的形象。

優雅站姿

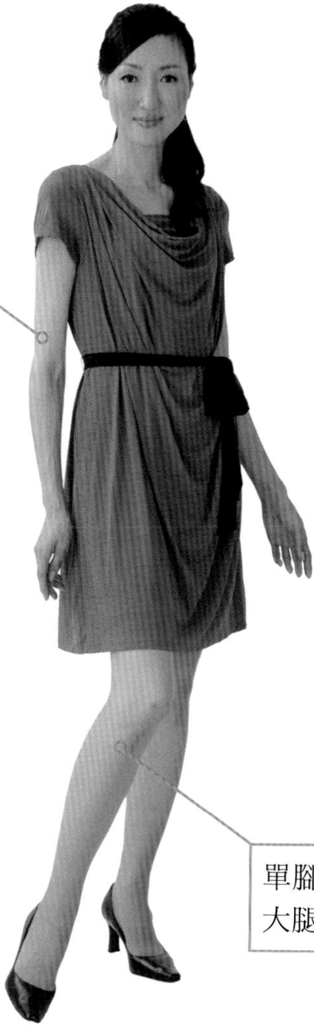

單腳膝蓋拉向內側，大腿就會出力。

基本站姿

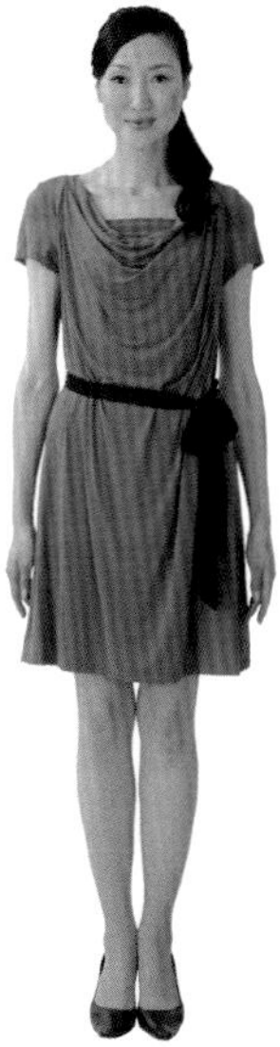

×

請注意，雙腿交叉並不美觀。且腰部搖晃，會給人邋遢的感覺。

用優雅走路法來走看看吧

1 踏出第 1 步

膝蓋微微朝向內側，踏出第1步。

2 第 1 步著地

將步伐踏向正前方，腳著地時，請將腳尖朝向外側，腳後跟朝向內側。

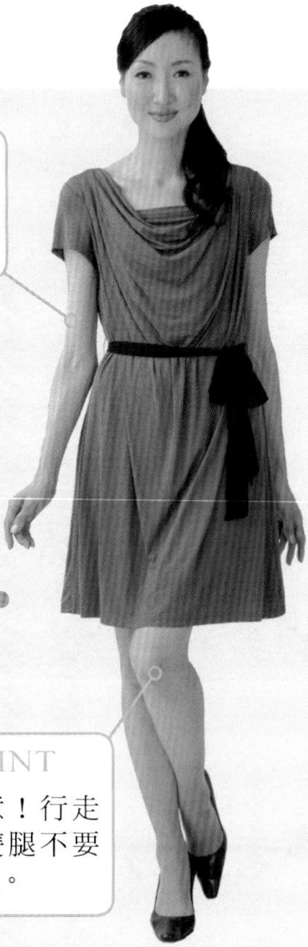

POINT
將上臂靠近身體。

POINT
注意！行走時雙腿不要叉開。

3 踏出第 2 步

將雙腳小腿的部分貼緊後，踏出第2步。

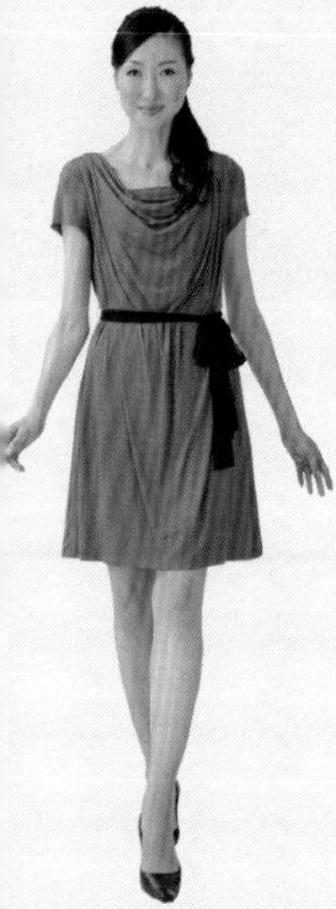

4 第 2 步著地

腳著地時，雙腿的膝蓋要朝向正前方。

1 踏出第 1 步

2 第 1 步著地

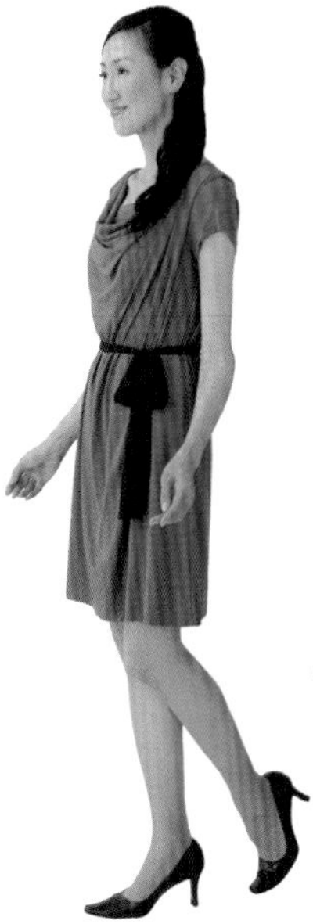

3 將重心移到第 1 步

4 踏出第 2 步

5 第 2 步著地

6 將重心移到第 2 步

樓梯走路法

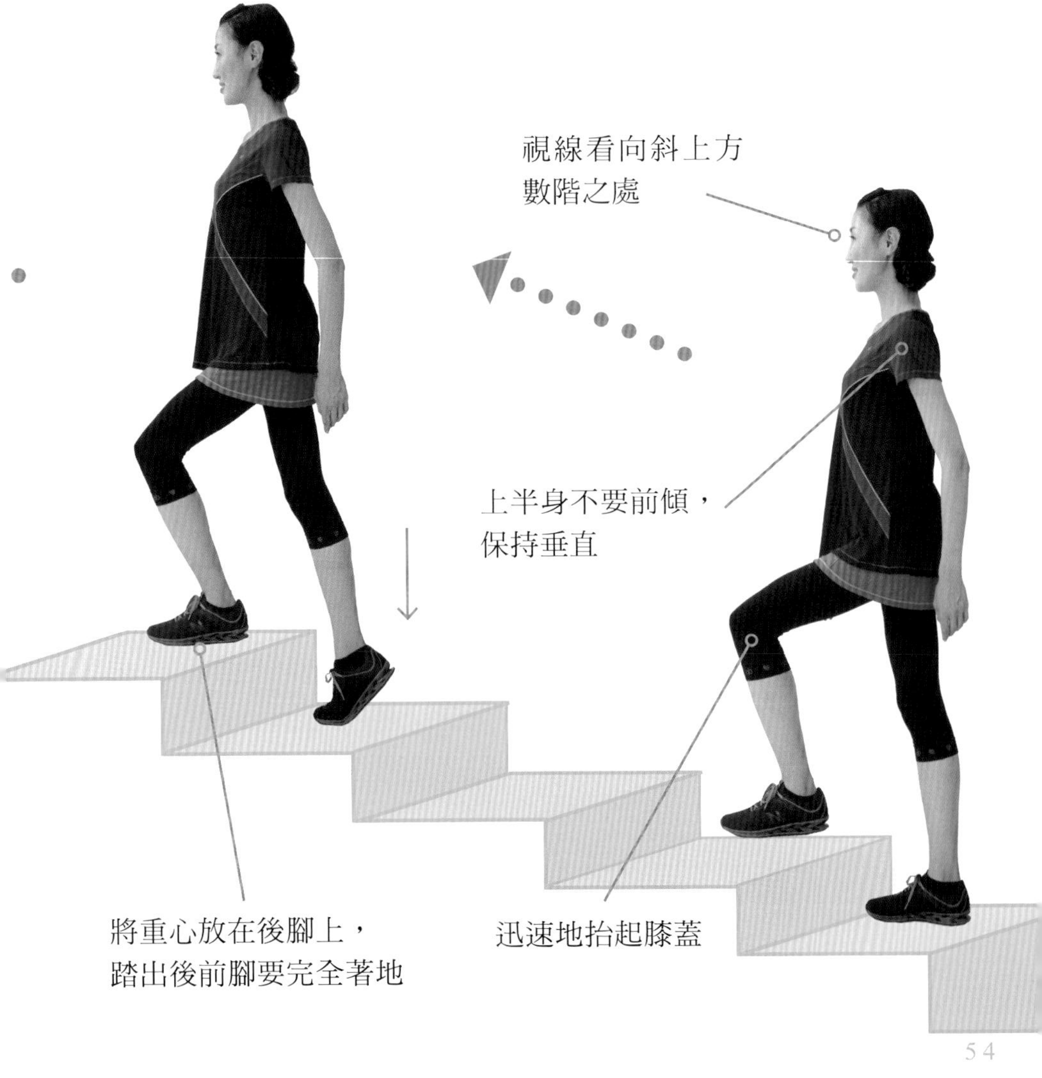
視線看向斜上方
數階之處
上半身不要前傾，
保持垂直
將重心放在後腳上，
踏出後前腳要完全著地
迅速地抬起膝蓋

走樓梯和斜坡時心跳會加速，可提高運動效果。用走路法訓練，讓你的腿變得又細又直吧！

爬坡道時

爬坡時，宜將上半身和地面保持垂直。上坡時，將步伐放小，重心留在後腳，以前腳腳掌內側著地。踏出前將重心放在前腳上，延伸後腿的膝蓋。下坡較陡時，可將腰部稍稍反折(上半身後傾)，來進行煞車。將膝蓋稍微彎曲，以腳後跟著地，才不會造成腰和膝的負擔。踏步時，請將整個腳掌確實踏向地面。

下樓梯時，將身體放鬆，不要造成膝蓋的負擔。膝蓋不要打太開，要和腳尖朝同一個方向
著地時將重心移動至腳尖

Beauty Column

美麗專欄

3 選擇鞋子的秘訣

我常聽到人說：「找不到合適的鞋子……」而特別來找我商量。有些人是因為腳趾的關節部分會磨擦到鞋子，也有些人是因為其他問題。每個人的腳形狀都不同，可以說100個人腳的形狀就會有100種，所以要配上制式化號差0.5的鞋子，似乎不是這麼容易的事，所以我現在也無法立刻為你解決。大部分的人，其實都會穿比實際尺寸還要大的鞋子，而那些人都為腳痛所苦。

穿比實際尺寸還要大的鞋子時，腳會在鞋子內部移動，趾部關節抵住鞋子前側，就會產生疼痛感。此外，當腳後跟無法固定，腳板向上浮抵住鞋背，會開啟腳部的中足骨，引起拇趾外翻。

合腳的鞋子，穿著時腳後跟會緊貼鞋跟，腳不會在鞋內晃動。最好選用鞋背上有繫帶設計的鞋子，腳後跟才會緊貼鞋跟，不會向前滑動，保持安定。

健走專用的鞋子重量較輕，最好選用腳趾彎曲部分較柔軟的材質。此外，也要避免長時間穿著高跟鞋，建議拿其他可以修飾身形且造型華麗的物件取代，請大家好好享受購物的樂趣吧。

STEP 4 應用篇

＋藉由運動 讓燃脂效果 UP!

要打造不復胖的「易瘦體質」，
建議做一些可提高基礎代謝量的運動。
用「走路」＋「運動」，來加強雕塑效果吧！

效果倍增！讓運動立即見效！

之前講過，消脂減重時需要做一定的有氧運動，想要提高走路的運動效果，最好再搭配肌肉訓練等無氧運動。這些運動可能無法讓你達到直接的減重效果，但可以增加你的肌肉量，提高基礎代謝，為你打造不易胖的身體。

一般的肌肉訓練，有伏地挺身和蹲馬步等。想要瘦身的女性，可針對肥胖的部位，做一些雕塑的運動。

在此，我要為你們介紹一些雕塑效果卓越的簡單運動。將之導入你的走路法中，一週做個2～3次，不久後就可以看出效果。這些運動都是在短時間內即可實現，自己訂立一套對自己有用的訓練法，來挑戰看看吧。

確認雕塑的肌肉

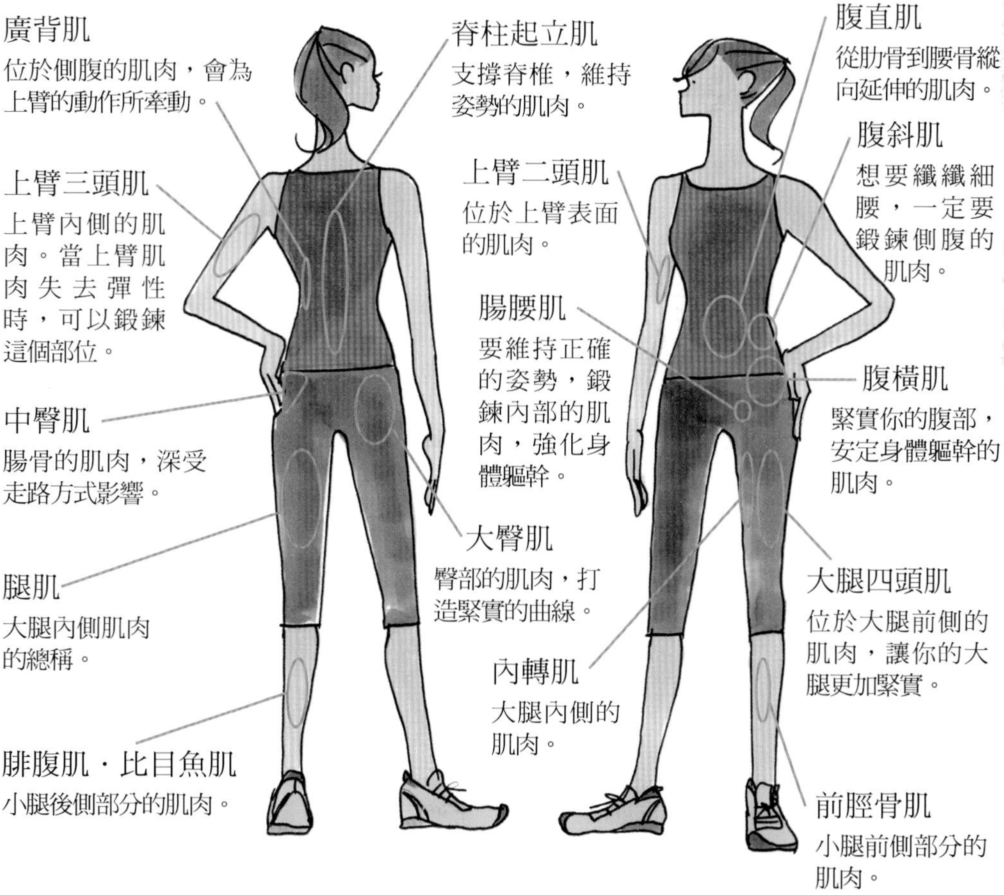
廣背肌
位於側腹的肌肉，會為上臂的動作所牽動。
上臂三頭肌
上臂內側的肌肉。當上臂肌肉失去彈性時，可以鍛鍊這個部位。
中臀肌
腸骨的肌肉，深受走路方式影響。
腿肌
大腿內側肌肉的總稱。
腓腹肌・比目魚肌
小腿後側部分的肌肉。
脊柱起立肌
支撐脊椎，維持姿勢的肌肉。
上臂二頭肌
位於上臂表面的肌肉。
腸腰肌
要維持正確的姿勢，鍛鍊內部的肌肉，強化身體軀幹。
大臀肌
臀部的肌肉，打造緊實的曲線。
內轉肌
大腿內側的肌肉。
腹直肌
從肋骨到腰骨縱向延伸的肌肉。
腹斜肌
想要纖纖細腰，一定要鍛鍊側腹的肌肉。
腹橫肌
緊實你的腹部，安定身體軀幹的肌肉。
大腿四頭肌
位於大腿前側的肌肉，讓你的大腿更加緊實。
前脛骨肌
小腿前側部分的肌肉。

扭轉雕塑上手臂

3 組

鍛鍊上臂後側的肌肉和上臂三頭肌，扭轉身體時要吐氣。

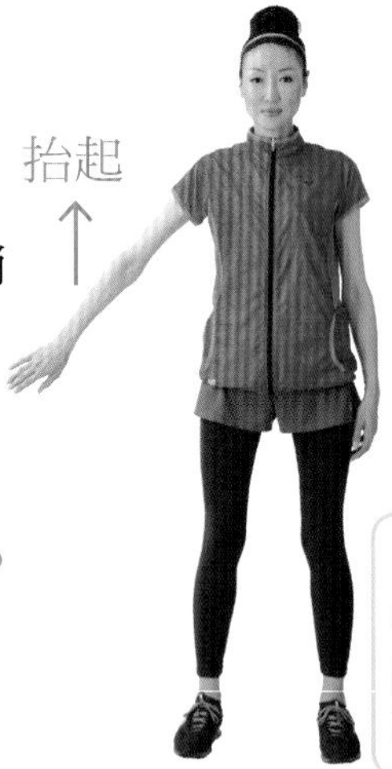

1 身體站直，抬起右手

打開雙腿，比肩膀稍寬，將身體放鬆。

POINT

手臂上抬45度，手背朝向前方。

2 扭轉右手

將右手朝內側扭轉，同時將頸部和肩朝左側扭轉。

維持 20 秒

POINT

將重心放在左腳。

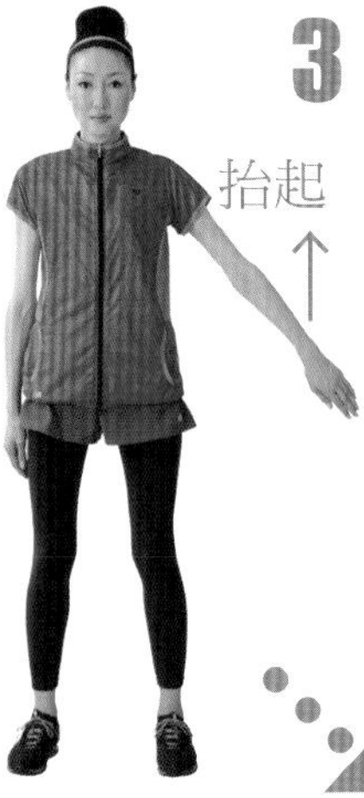

3 抬起左手

回到正面，抬起左手，做跟右手相同的動作。

維持 20 秒

4 扭轉左手

扭轉左手臂，同時扭轉頸部和肩部，將重心放在右腳。

對這裡有效！

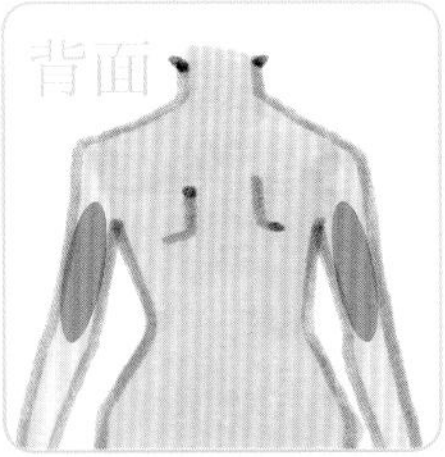

上臂三頭肌

※左右各做1次為1組。

伸展雕塑上手臂

2 次

鍛鍊上臂後側，找回上臂的緊實感。做的時候保持自然呼吸。

1 將全身的重量放在上臂

將雙手放在椅背或桌子上，上臂後側的肌肉出力，用上手臂支撐全身的重量。

維持 20 秒

POINT
輕輕彎曲手肘，注意不要過度延伸上臂肌肉。

POINT
延伸脊椎，下腹部出力可提高雕塑效果。

對這裡有效！

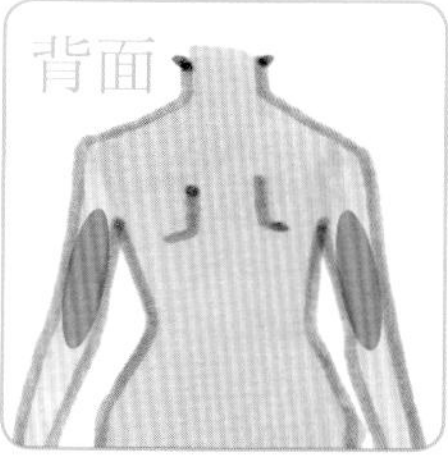

上臂三頭肌

雕塑腰部

3 次

要維持正確的姿勢，首先就要鍛鍊身體內部肌群，如此一來既可以雕塑全身的肌肉，也可有效鍛鍊大腿。

1 椅子坐淺一點，雙腳抬起

淺坐在有靠背的椅子上。將手臂移至靠近椅背處，手抓緊座面，固定身體，抬起雙腳。

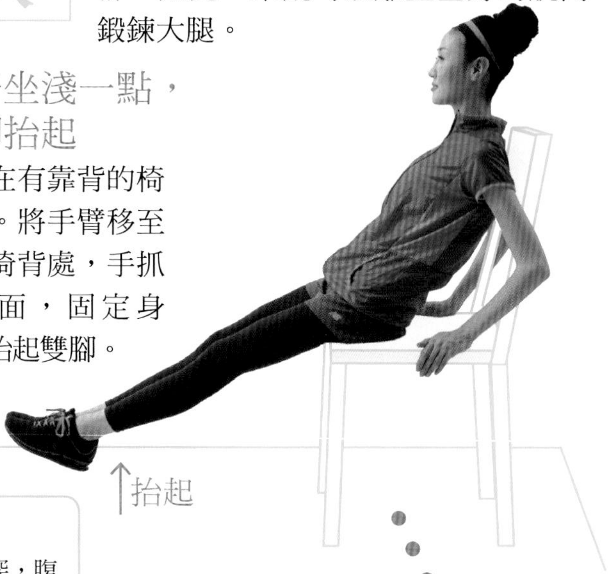

↑抬起

POINT

椅子坐得太深，腹部肌肉會鬆懈。腿部抬起時，須將腿伸直，勿彎曲。

2 將大腿抬向胸部

將大腿收靠近胸部的方向，然後慢慢地回到步驟1的姿勢。

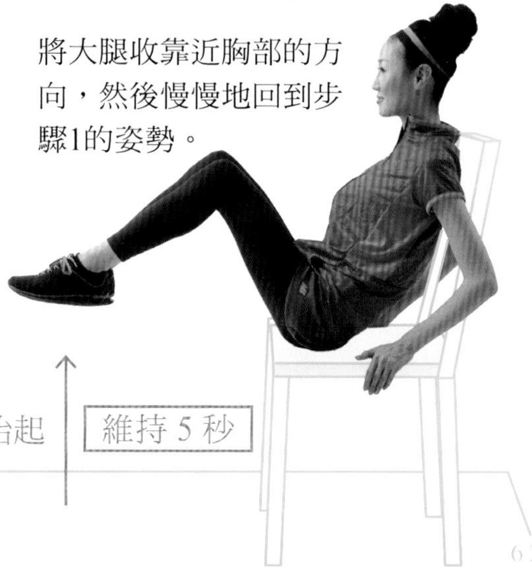

慢慢抬起 維持 5 秒

對這裡有效！

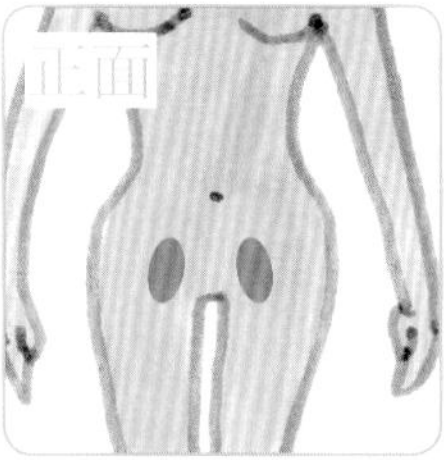

腸腰肌

纖細腰部

2 組

刺激腹部外側的腹斜肌，燃燒腰部的皮下脂肪。如此一來，就能收緊骨盤，打造出纖細的腰部。

對這裡有效！

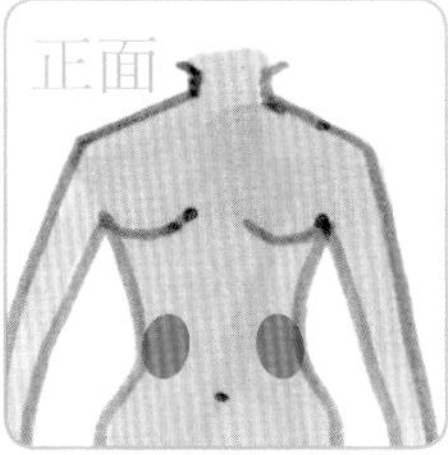

腹斜肌

POINT
兩肩貼緊地板，不要抬起。

1
仰躺，延伸右手
仰躺，輕輕彎曲膝蓋，右手向側邊延伸。

POINT
將右手轉至內側，手心貼緊地板。

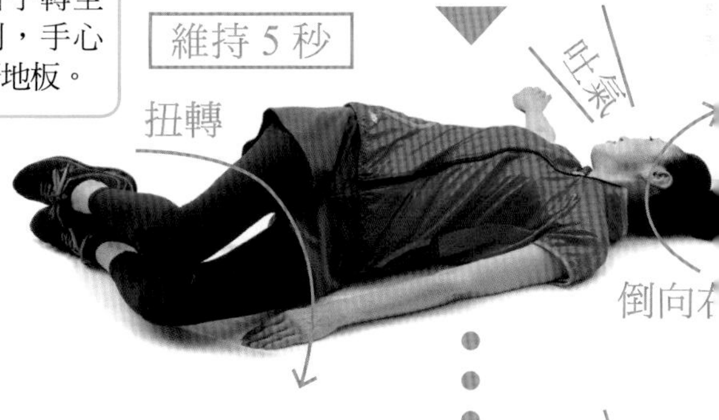

2
膝蓋倒向左，頸部轉向右
將雙膝倒向左側，頭部轉向右側。

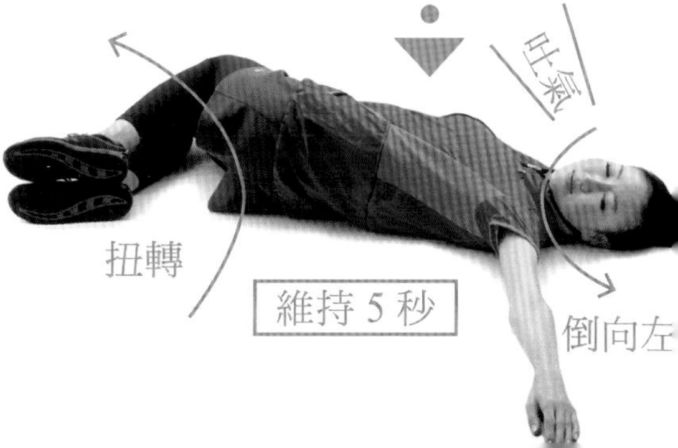

3
換邊做，膝蓋倒向右，頸部轉向左
仰躺，左手向側邊延伸。和步驟2相似，雙膝倒向右側，頸部倒向左側。

強化軀幹的抬腿運動

20次

鍛鍊腹部內側的深層肌肉，強化身體軀幹。將動作放慢，調整自然呼吸。

POINT

腳後跟出力，膝蓋呈90度向上抬起，腳尖和膝蓋都要確實抬起。

對這裡有效！

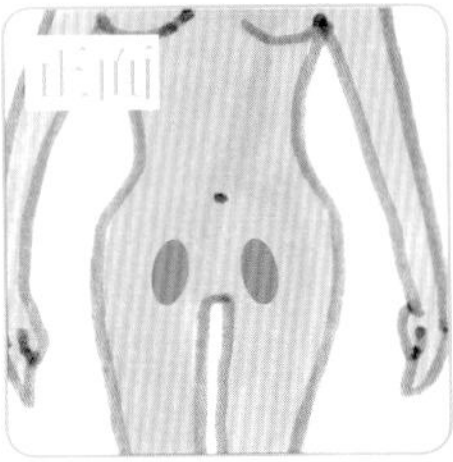

腸腰肌

2 慢慢原地踏步

大腿慢慢抬起，膝蓋彎曲呈90度，慢慢放下後，抬起另一隻腳。

1 基本站姿

雙腳併攏，基本站姿。

強化髖關節的蹲馬步運動

5次

將背挺直，開始蹲馬步，只要姿勢正確，即可有效強化肌肉。

1 大字型站姿

雙手朝側邊延伸，
雙腿打開。

POINT

雙手平舉，與地板平行。

2 慢慢下壓身體

確實延伸大腿，將身體下壓，慢慢蹲下。

POINT

下蹲時，膝蓋和腳尖要往同一個方向。背挺直，如果有困難請貼著牆壁做。

對這裡有效！

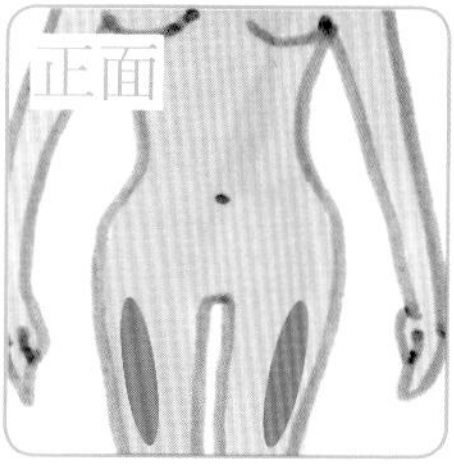

大腿四頭肌

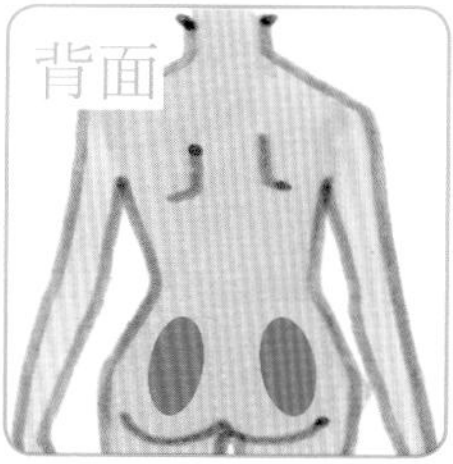

大臀肌

雕塑臀部曲線

5 組

鍛鍊支撐髖關節和骨盤的中臀肌，讓你擁有美麗的臀部曲線。

對這裡有效！

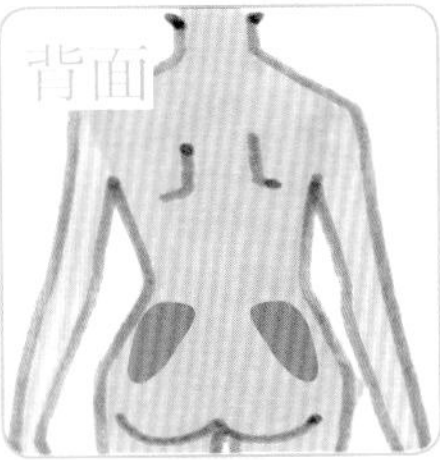

中臀肌

1 手扶著桌子

雙腳併攏，單手扶著桌子或椅背，以固定身體。

2 右腿向側邊抬

用腳踝的力量，將右腳朝側邊抬起；左腳也重覆同樣的動作。

維持 5 秒

POINT

腳尖出力，抬腿時將注意力集中在腳踝。

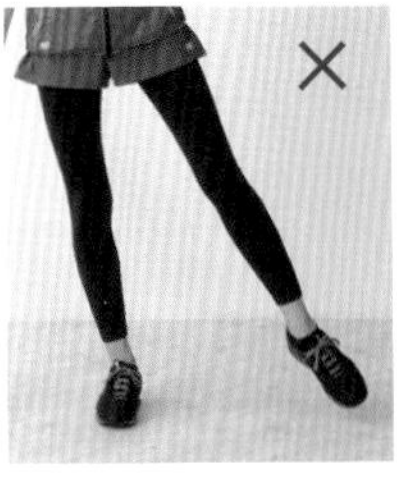

雕塑鬆弛的臀部曲線

5組

鍛鍊髖關節和臀部上方的肌肉，收緊鬆垮的臀部曲線。

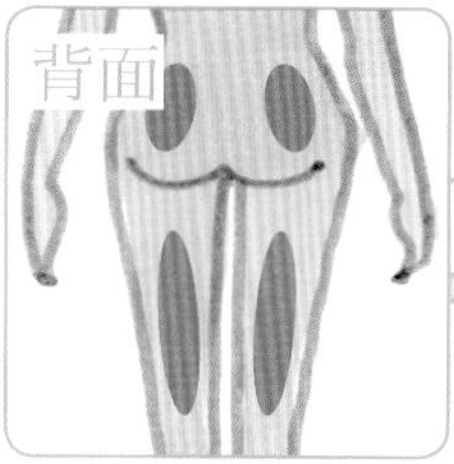

1 將手扶著桌子，標準站姿

雙腿併攏，單手扶著桌子和椅背，固定身體。

2 將左腿向後方抬起

左腳向後抬高。回到步驟1的姿勢，右腳也是同樣的做法。

POINT

身體彎曲向前，延伸脊椎，腳尖出力，確實延伸當作軸心的那隻腳。

雕塑小腿 & 腳踝

3 次

鍛鍊小腿，讓你的腿又細又直，腳墊得越高效果越好。

1 將書報雜誌堆成一疊，將腳尖踩在上面

將厚雜誌或電話本，疊到5cm的高度。將腳尖踩到上面，慢慢地抬起腳後跟，站在腳尖上。

2 放下腳後跟

放下腳後跟後，意識小腿的延伸，維持10秒鐘。

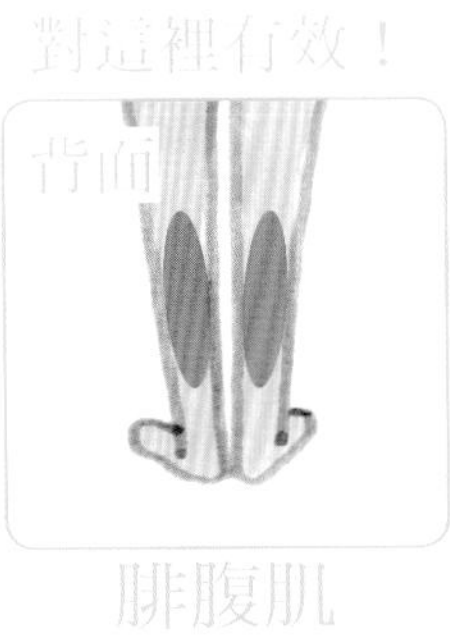

燃燒全身脂肪

3 組　旋轉運動全身的肌肉，有效消耗熱量。

1
將雙腿打開至肩膀寬度

將手放在頭部後方，雙腿自然打開至肩膀的寬度。

慢慢地靠近再分開

POINT
確實延伸當作軸心的那隻腳，將重心放在腳底的大拇趾（內側）。

2
左肘靠近右膝

扭轉身體時，將右肘靠近左膝，同時彎曲左膝，慢慢接近右肘。

3
右肘靠近左膝

回到姿勢1，和步驟2相同，將左肘靠近右膝。

對這裡有效！

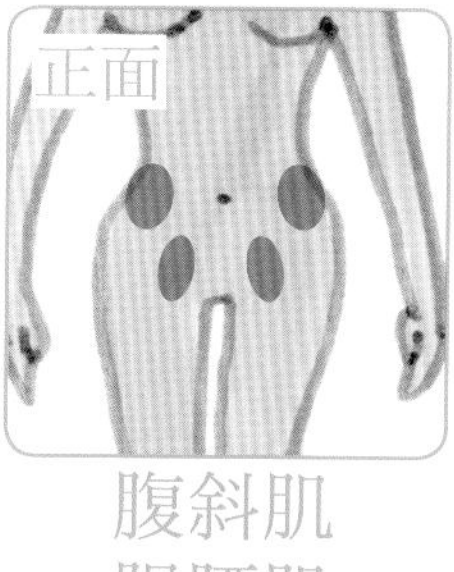

腹斜肌
腸腰肌

Beauty Column

美麗專欄

4 行為舉止優雅的秘訣

努力減肥的人，大多不只是想要消除脂肪，最終的目的是想讓自己變美、變漂亮。如果是這樣的話，那除了瘦身外，你的行為舉止也必須變得更加優雅才行。就算你的身材變瘦變美，但行為舉止粗魯不堪的話，那也很難晉升美女的行列。

例如，站立時將左右腳稍微錯開，單腳向後移，腳尖處傾斜20度。將左右邊的膝蓋重疊在一起，讓你的姿勢俐落，這就是所謂的「模特兒站姿」。

要準備坐在椅子上時，將背挺直，臀部突出。從腰部輕輕地向下坐，保持腰部的柔軟度。此外，隨時將指尖並攏，在指人或物時，將五指併齊，手心朝上指向該物件。

在提手提包時，不要將手握住包包提把，而是將包包掛在指尖，你的行為舉止會看起來更加優美。放下肩背包時，如果直接將包包從肩膀上滑下來，會給人粗魯的感覺，應該要用另一隻手將包包從手臂上取下，如此一來就能讓你看起來美麗而優雅，女人味加分喔！

STEP 5 日常篇

讓生活行為變成減肥的一部分「順便運動法」

日常生活中一點點小運動，都能為你瘦身減肥。
本章將介紹高岡玉美獨特的「生活技巧」！
從飲食到挑選衣服，
讓你無時無刻都在享「瘦」！

檢視每日的生活，挑戰易瘦的生活方式！

學會基本的姿勢和走路法後，我們來嘗試一下如何將日常生活的動作變成瘦身運動之一吧。在此我要將你們「順便運動」的方式，即是將日常生活中的動作和家事變成運動的一部分。「順便運動法」可以幫助你有效利用時間，配合走路和運動，能加速提高瘦身效果。

減肥並不是一件很困難的事情，我所提案的方法相當簡單，只要用本書所介紹的運動，來改善每日的生活即可。改善的重點在於飲食生活、房間佈置、心態調整等等，最大的重點就是不依靠任何方便的工具，過著「極簡生活」。

如果大家下定決心，要從今天開始減肥，也不用太過於焦慮，覺得明天就一定要非「瘦」不可。可以慢慢地改善「肥胖的生活陷阱」，從裡到外確確實實改變自我。

坐姿
雕塑大腿內側

在兩膝間放上一條毛巾，用大腿內側夾緊，重覆放鬆、夾緊的動作。

對這裡有效！

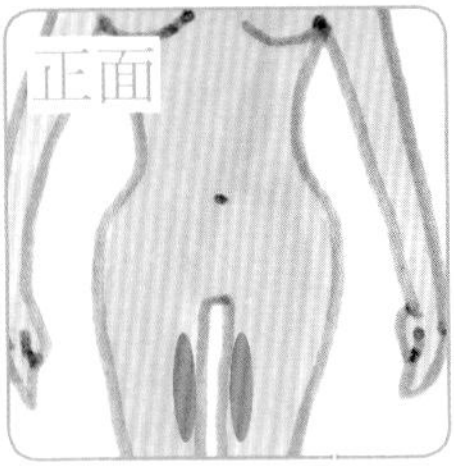

內轉肌

基本的坐姿

坐在椅子上時，將雙膝和雙腿併攏。背部不要靠椅背，將脊椎伸直，想要讓坐姿具有運動瘦身的效果，就必須要改變你的坐姿。

若緊靠椅背，就不會用到腹部和背部的肌肉。雙腿打開，則不會用到大腿和小腿的肌肉，容易給人沒精神的感覺。

坐姿 雕塑小腿

腳尖抵住地板，腳後跟慢慢地抬起，上下移動。

對這裡有效！

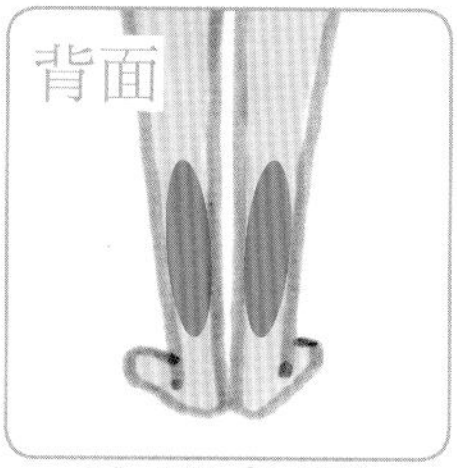

比目魚肌

坐姿 雕塑腳踝

腳後跟靠緊，腳尖慢慢地上下移動。

對這裡有效！

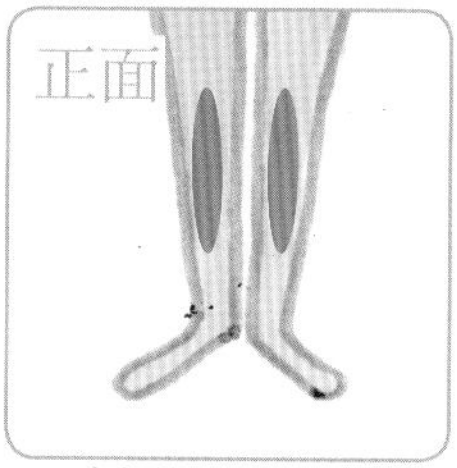

前脛骨肌

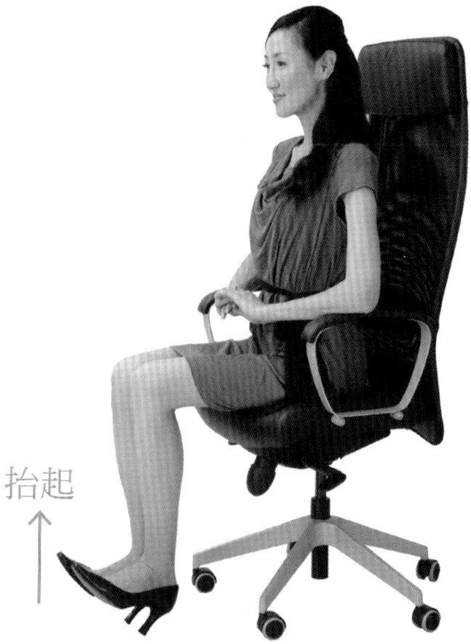

提包包
雕塑上手臂

提包包的那隻手不要伸得太直，而是要將包包稍稍提起，手肘保持彎曲。

對這裡有效！

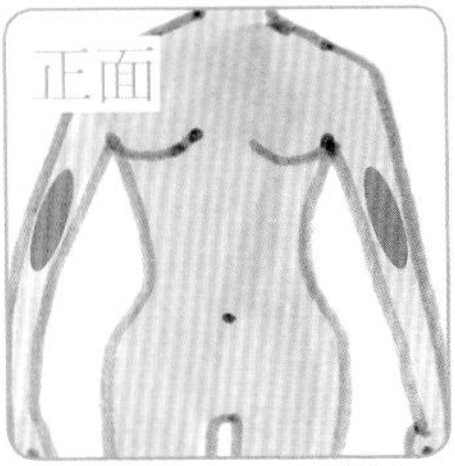

上臂二頭肌

搭公車、捷運
雕塑背部

手抓吊環時，重覆抓緊、放鬆的動作。

對這裡有效！

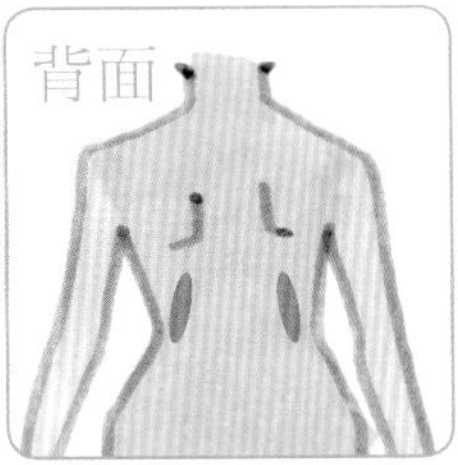

廣背肌

爬樓梯
雕塑小腿

爬樓梯時，腳後跟不要貼住樓梯，試著用腳尖爬樓梯。

對這裡有效！

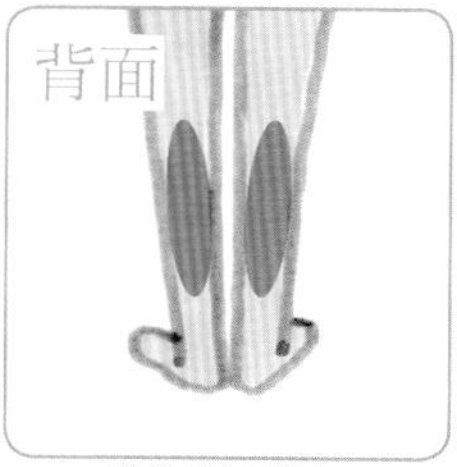

腓腹肌

搭電梯
檢查姿勢

將背貼緊牆壁，來確認上半身有沒有前傾彎曲，想辦法讓自己維持正確的姿勢。

刷牙
雕塑全身

刷牙時，將拿牙刷反側的那隻腿90度抬起，試著維持平衡。

對這裡有效！

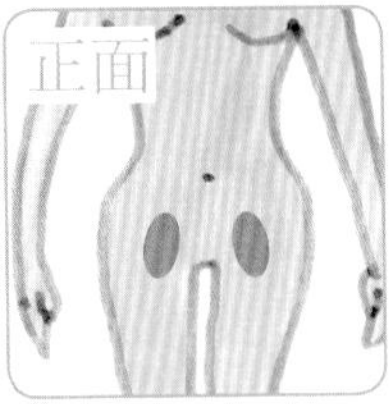

腸腰肌

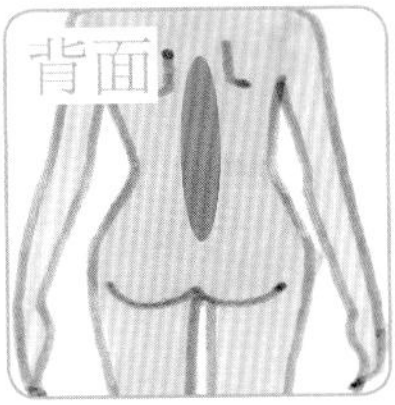

脊柱起立肌

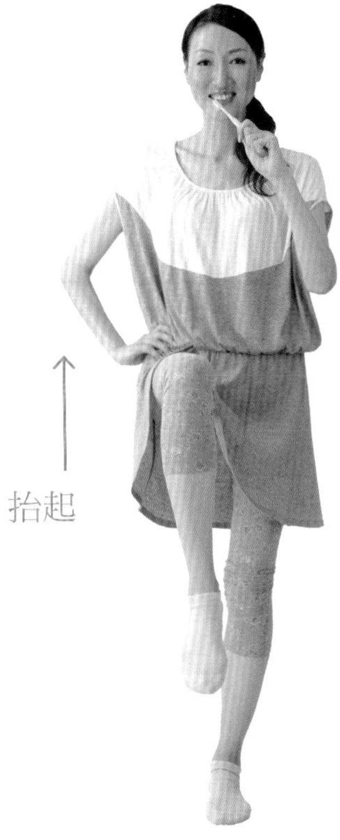

等紅燈
雕塑腹部＆臀部

停下來等紅燈時，可將雙腳併攏，將大腿內側靠緊，緊縮下腹部和臀部。

對這裡有效！

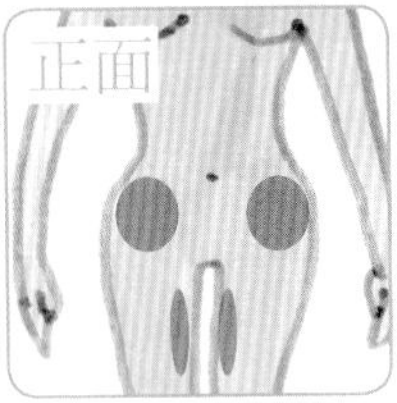

內轉肌
腹橫肌

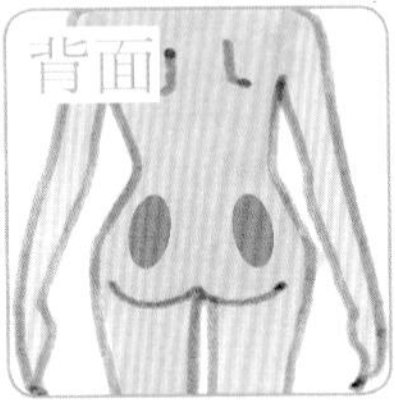

大臀肌

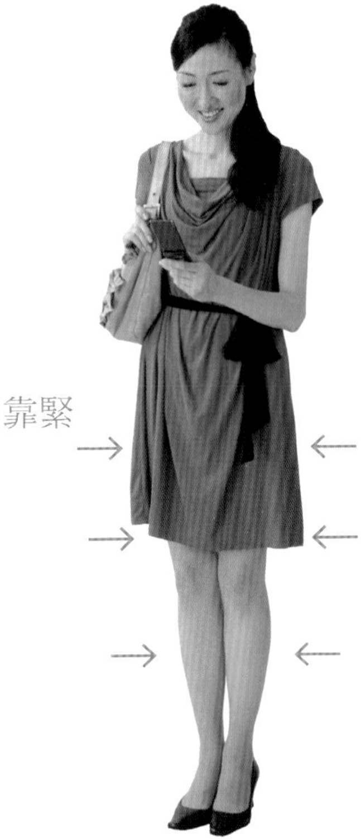

洗衣服　雕塑腰側

※腰側＝身體的兩側

在放置摺好的衣物時，盡可能將它放遠一點，藉此延伸手臂和上半身。

對這裡有效！

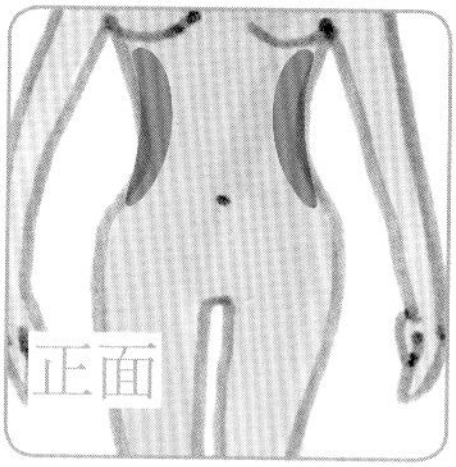

腰側

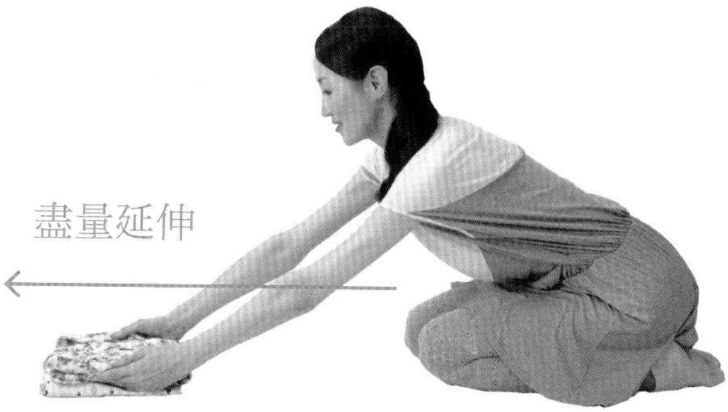

洗衣服　雕塑大腿

拿洗滌衣物時，不要圓背，試著將身體半蹲向前傾。
曬衣服時不要改變上半身的位置，將腰部提起即可。

對這裡有效！

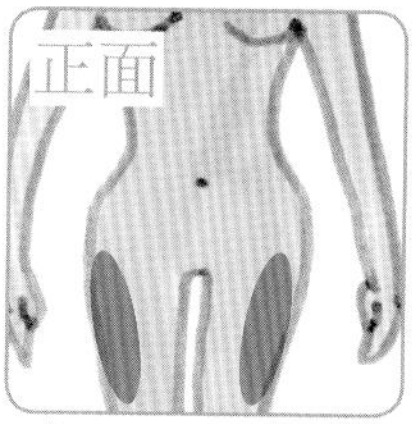

大腿四頭肌

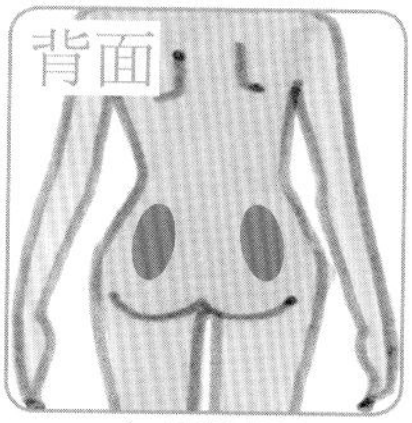

大臀肌

×

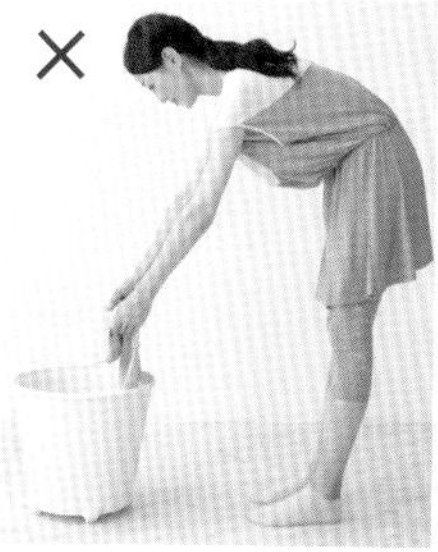

拿洗滌衣物時，不移動下半身，彎腰圓背用手拿衣物的話，會造成腰痛。使用腰和腿來蹲馬步，來讓全身上下移動。

用吸塵器　雕塑大腿

用吸塵器時，將腿向前大大地踏出一步，並將注意力放在後腳小腿部位的延伸。

對這裡有效！

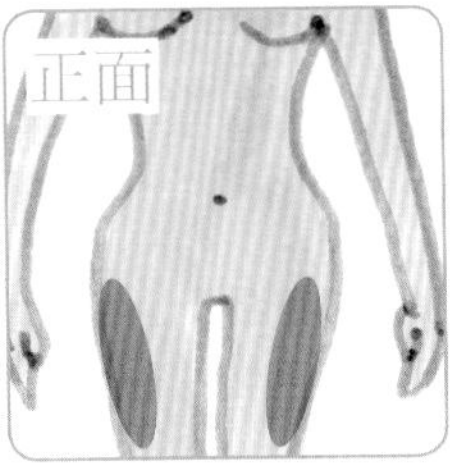

大腿四頭肌

擦拭打掃　雕塑大腿

擦拭時徹底運用腰和腿，以蹲馬步的方式讓全身上下移動。
千萬不能彎腰圓背，只移動手臂來擦拭。

對這裡有效！

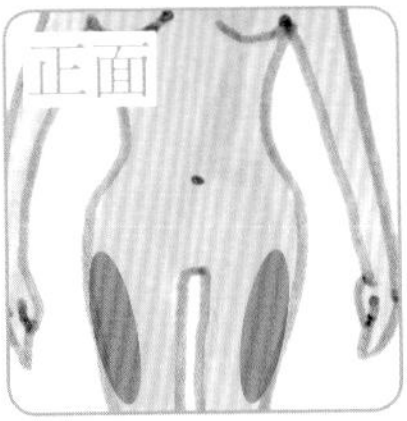

大腿四頭肌

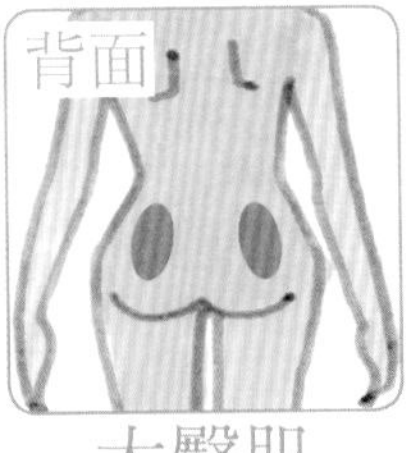

大臀肌

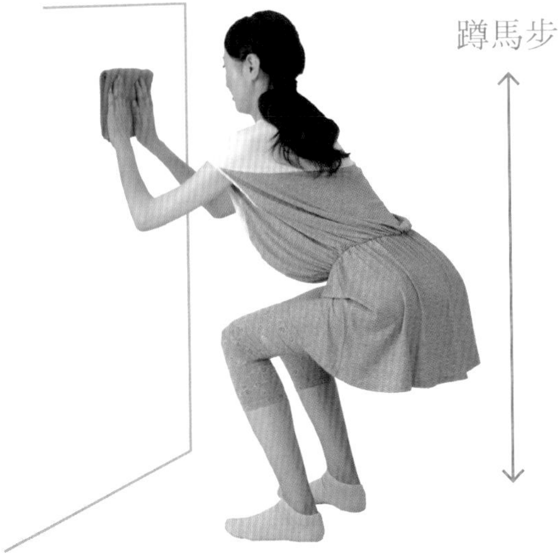

做菜
伸展大腿

單腳向後抬，用手將腳踝抓向臀部的方向。

對這裡有效！

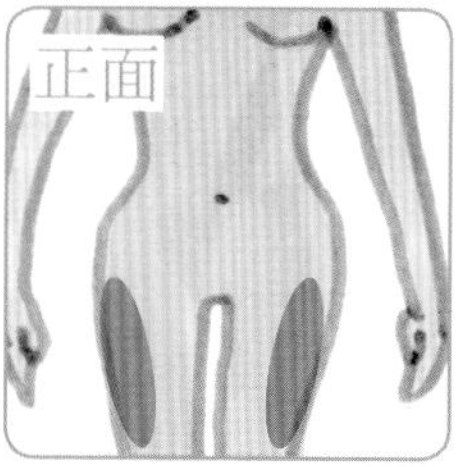

大腿四頭肌

做菜
雕塑小腿

將身體重心放在腳的大拇趾內側，反覆上抬、放下腳後跟。

對這裡有效！

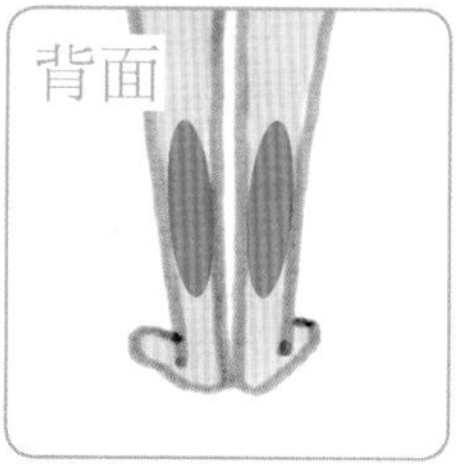

腓腹肌

苗條美麗的飲食法

瘦身是否成功，取決於飲食的方式。了解理想的飲食方式，是打造健康的「易瘦體質」的第一步。此外，也可有效打造美麗肌膚，並有抗老化的效果。減肥不是節食即可，而是能巧妙控制食用的量和吃法，快樂地享受「飲食」這件事。

固定吃飯的時間

白天是熱量代謝率最高的時段，因此建議1日飲食10分中分配8分於早餐和午餐之中攝取。早餐以水果和生菜為中心，積極地攝取酵素，中餐是身體消化效率最佳的時段，可適度攝取肉類和魚類。晚餐宜食用輕食，以免熱量被帶到隔日。

鮭魚中有優質的油，適合當做晚餐；飯採用玄米。

營養素豐富的食材

蛋白質　蛋、牛奶、肉、魚貝類、豆類……等

碳水化合物（醣類）　飯、麵包、烏龍麵、蕎麥麵、根莖類……等

食物纖維　蔬菜、海藻、菇類……等

維他命　蔬菜、水果、肉類……等

豆腐和酪梨製成的Caprese salad (卡布里島蕃茄沙拉），撒上松子和胡桃。

不費時的料理方式，對身體最好

我建議大家盡量食用形體明確的食材，料理方式最好不要太費時。生食比過火烹煮佳；當一道料理調理和加工工程較多時，就會使用到各式各樣的調味料；此外，當食材切得過細，就容易破壞食材中的酵素，所以應以大塊的食材優先。食材切的不夠細時，你就必須要花很大的力氣咀嚼，也可以達到減重的目的。因此，蔬菜棒比馬鈴薯沙拉佳，雞排比漢堡排和炸肉餅佳，盡量食用原素材蒸烤製成的料理。

在限制的卡路里內，攝取均衡的飲食

1日攝取的卡路里應配合自己需要消費的卡路里。18歲以上的女性，運動量較少的人應吸收1650卡，普通人則需要1900卡（※）。只要保握這個原則，並不需要勉強去節食，1天要吃到3餐，以低卡路里的食品為中心。此外，在瘦身過程中，應均衡攝取各類營養素。

紫米具有解毒功用，適合包在壽司裡。

※行政院衛生署「2011每日飲食指南」

顯瘦的選衣和穿搭方式

你所穿的衣服適不適合你，對你整個人的形象有極大的影響。如果你覺得「反正我就是胖」而懶得打扮，那我接下來教的「顯瘦選衣法」就相當適合你。如果你能享受打扮這件事，你就會對自己更有自信，自然而然就會想要減肥了。

穿著全身包覆的洋裝，會給人沉重的印象，增加你的「視覺體重」。而顯瘦的三大關鍵在於「頸部、手腕、腳踝」。例如：襯衫可選用釦子大顆，領口V字型的物件，讓下巴下方留下空間。袖子選擇七分袖；襯衫可將袖口內折，褲子最好選擇緊身或七分褲；冬天選擇靴子，夏天選擇涼鞋，突顯你的腳踝，讓你看起來更輕盈。

依體型分類「顯瘦」穿衣法則

身高不高、微胖

將重點放在臉部，讓身高看起來更高

◎簡單的設計

◎俐落的曲線

◎下半身顏色統一

肩窄臀寬

將重點集中在上半身

◎上半身穿著有裝飾性的設計

◎將重點放在領口、肩、袖等

身高高、微胖

用俐落的曲線設計，營造苗條的視覺效果

◎直線條設計

◎長袖夾克

◎成熟裝扮

水桶腰

穿出腰部曲線，或讓人不注意你的腰部

◎使用肩帶，讓你的肩看起比實際上寬

◎強調頸部、肩膀曲線

◎上衣包覆腰部

首飾也有顯瘦的效果!?

首飾的選擇也是時尚的關鍵，其中最重要的就是戒指，因為這是我最頻繁使用的首飾。在用餐和談話中，不經意地撩起頭髮等各類動作，其實還蠻引人注目的。所以希望你選的戒指能讓手和手指看起來更漂亮。

手指過粗的人，因為手指太厚，最好選擇圓型戒指，整體才會有平衡感；身高微胖的人，最好選擇大而有份量的設計，重覆配戴亦可。身高較矮又微胖的人，應避免穿長袖，或使用大型的垂飾，應選擇大而圓的串珠類飾品。

此外，選擇鞋子時，也該具有「顯瘦」的效果。可選擇前端設計尖銳的鞋子或四角鞋。細跟奢華的高跟鞋，會讓小腿看起又短又肥，應盡量避免。

試穿時要徹底，絕不妥協

在選衣服時，很多人都會煩惱要如何選下半身的衣物。很多人會煩惱「腿太粗不想穿牛仔褲、因為肚子攏起，總是穿著波浪裙或束腰連身裙」等等。

但是，有時愈想要隱藏自己的缺陷，反而會弄巧成拙。因此，重要的並不是隱藏你的缺點，而是要選擇適當的衣物，讓自己的體型看起來美麗均勻。

在試衣間中，你可以仔細地從前方後方斜側觀察自己的腰際、臀線等等。很多人在選衣時並沒有好好地觀察自己的身體，只看整體的形象。因此，我們應努力找到能突顯自己身材的物件、版型適合的裙子，要做到這點，我們應該立刻了解自己身體的特徵，才能真正享受到穿衣打扮的樂趣。

這樣瘦身，輕鬆又持久

瘦身減肥時，一定會遇到所謂的停滯期和復胖期。人類為了維持身體的基本機能，當感到強烈的空腹感時，基礎代謝量就會下降。這就是復胖和停滯的原因所在。

減肥的目的就是讓你擁有「易瘦體質」。就算達到理想的體重和體型，也要努力管理自己的生活習慣。短期集中的激烈瘦身會減少肌肉量，也會降低基礎代謝量，讓你易胖且有害健康。要打造真正的「易瘦」體質，必須有長期性的計畫才行。

一開始先以一個月減重2∫3公斤為目標，如果起跑點順利，你即可輕易享受整個減肥的過程。通常第3週，就會出現停滯期，這時請持續管理你的運動和飲食。之後請以1個月減重1∫2公斤為目標，來渡過停滯期。打造不復胖的易瘦體質，需要長期持續，並充滿熱情。

1 語言的魔法

除了向周圍的人宣示外，對自己宣示也非常有效。時常對自己說：「今天也要運動，讓身體流流汗；不要搭電梯，改爬樓梯吧」等等，並給努力不懈的自己一些獎勵。

2 書寫記錄是能量的來源

記錄體重和走路步數以及飲食的菜單，這一些數字上的變化，會成為你的能量來源。將一些具體的目標數字、想要改變的習慣以及運動的技巧記錄在紙上，貼在顯眼的地方。

3 正面思考

凡事皆正面思考，抓住所有能瘦身的機會。
例如：「一直加班無法參加聚會」→「不用外食，減肥的好機會」、「沒搭上公車」→「趁機走路運動！」等。

在家中頻繁移動

懶得動，是許多易胖體質人的共通點。

有一次，我到一個想減重的朋友家去玩。那位朋友的家中，全是北歐風的設計，當我穿過精緻的客廳後，坐在沙發上，我看到各式各樣的搖控器排在我眼前。一問之下，我發現這個房子，所有的家電都可以坐在沙發上控制，包括屋內照明到放洗澡水以及電鍋的按鈕等。

接下來，我到廚房看到餐桌，更是讓我大吃一驚。鹽、胡椒、醬油等調味料，全部都排在桌上。這時我才驚覺，住在她家，一整天根本不用移動身體。

其實，要瘦身並不用特別跑去上健身房或游泳，打掃家裡，就可以順便管理體重、擁有健康和美麗，這樣一來不是一舉三得嗎？

據調查，有些家庭的搖控器甚至多達14個。而我住的地方，也有2個搖控器，1個是電視，1個是空調，其他機器都必須走到機體處進行操作，才能使用。所以，想瘦身就還是多動動身體吧！

鞋子與我的親密關係

走路和你所穿的鞋子有著密不可分的關係。選擇合腳、設計可愛的鞋子，會讓你的步伐格外輕盈，讓你走再久都不會累。

實際上，我跟鞋子的關係淵源匪淺。我父親是女鞋的製造商，我從小就看著父親製作鞋子，聽著工廠的聲音，在皮革香氣中成長。

懷孕後，我辭掉模特兒的工作，下定決心要繼承父親的事業，開始學習我一直都很有興趣的鞋子設計、製鞋工程和腳部解剖學等等。習得這些知識後，我開始為我朋友設計婚禮鞋，報名鞋子設計比賽（竟然2度獲獎），還在義大利鞋子專門雜誌中被介紹，讓我初次享受到創作的樂趣。

之後，我慢慢感受到走路這件事的魅力，雖然最後並沒有繼承父親的公司，但那時習得的知識對我有很大的助益，讓我有足夠的知識指導學員挑選鞋子和正確走路。

日本姿勢與走路協會的活動

一開始我指導百貨公司舉辦的女性專用的走路講座，後來領域規模擴大，現在也開始指導年長者的健康管理、服務業的企業研習等。在課程中，我帶大家實際體會姿勢矯正後，為健康和外表印象帶來非常大的改變。

我想向更多人分享姿勢和走路法的重要性和樂趣，因而設立了「日本姿勢與走路協會」。

走路是每個人都可以輕鬆練習的運動，但如果姿勢不正確的話，也會對身體造成傷害。此外，協會還特別開設「走路技能檢定」，致力培育指導人員。

這個協會可以聚集一些以走路為興趣的同好者。已舉辦過許多走路活動，以歷史為主軸，散步於歷史街道，巡迴於各大觀光景點和世界遺產之間。主題式的走路行程，讓大家徹底享受其中的樂趣！

來自北歐的運動－北歐式健走。

福井縣若狹地方積雪殘留，巡迴百大名水。

走路活動造訪世界遺產平等院和宇治。收益資金捐給311地震災民。

走路瘦身法 Q&A

Q 一天要運動幾次才好呢？

A 最重要的是「持之以恆」。本書所介紹的運動量只是一個大概的標準。可以依體力量力而為，但必須持之以恆地做下去。至少一週要做3次。

Q 改善姿勢需要花費多久的時間呢？

A 不知不覺間就會感受到效果。只要抓住訣竅，誰都可以輕鬆改善姿勢。但是重點是要持之以恆，隨時隨地都讓自己的姿勢不走樣。一開始時間不用太長，只要想到就調整一下姿勢。這樣的習慣先持續2個星期左右。

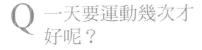

Q 走路練習過後肚子好餓喔，這個時候可以吃東西嗎？

A 這是每個人都會碰到的問題，正好可以趁這個機會來改善你的飲食生活。如果你練習走路是為了減肥的話，還是吃些低熱量的食物吧。空腹時先不要突然食用醣類的食物，而是先吃些蔬菜或沙拉，然後再進入主食，諸如飯糰或義大利麵等。飯糰最好選擇昆布或梅子口味，來取代鮪魚美乃滋；義大利麵辣炒系列比肉醬和奶油培根熱量低很多。

Q 我不知道如何穿高跟鞋走路，要怎樣走路才會看來既優雅又美麗呢？

A 因為細跟高跟靶和地面的接地面積過少，才會讓你站不穩。這時你必須將你的重心放在腳弓。一開始可以不要立刻穿細跟，先從粗跟高跟鞋開始嘗試，這樣走起路來會比較安定，鞋跟最高不要超過5cm，對身體才不會造成太大的負擔。

走路瘦身法的體驗者 1

Hitomi小姐

「想要改變自己的姿勢，才開始上課！」

機緣　「從櫥窗中看到自己的倒影，駝背加外八腿，感到相當震驚。一開始是用自己的方式，做一些簡單的運動。但對於走路法一直一知半解，方法不正確造成髖關節和腰部疼痛，才開始上高岡老師的課。」

上課的效果　「上過課後，腿的形狀和身體曲線變得更加緊實且均勻。我想這就是所謂的易瘦體質。」

日常生活中的注意事項　「運動時會意識到肌肉，而不是單單運動身體。讓你的日常生活變為肌肉訓練的一部分，如此一來就不會過度鍛鍊你的肌肉，也可以維持適度的肌力。坐在椅子上時，請將雙腳合起，延伸背部；刷牙時用腳尖站立等。」

Q 需要準備什麼東西嗎？

A 有一雙好穿的鞋子即可。因為走路這一件事只要姿勢正確，穿著舒適的服裝，隨時隨地都可以實行。如果是在家做的話，赤腳也沒關係。

Q 運動可以矯正O型腿嗎？

A 雖說無法完全「治療」，但有改善的效果。有正確的站姿，持續作核心運動，就能改善你肌肉的形態。如此一來，你的腿就會又細又直，O型腿自然而然就會改善了。

Q 走路的隔天，腰部和大腿附近常常會好痛

A 走路時只要將姿勢調整好，你就會發現你可以運用到平時身體沒有用到的肌肉，肌肉疲勞時自然會有肌肉疼痛的現象，證明你的肌肉真的有被鍛鍊到。你應該要開心才對。如果還是很在意，不妨泡個熱水澡放鬆一下吧。要防止肌肉疼痛，可在走路前後，小心地伸展身體。不舒服請不用勉強，休息個2～3天待疼痛消除後，再開始做輕量的運動。

Q 請告訴我需要補充水分的時間點？

A 並沒有特定的時間點，可在走路運動之前或之後補充水分。動態走路法等運動量大的活動，會讓水分大量蒸發，要減少運動中的狀況發生，在走路時也要小心補充水分才是，不要等到覺得渴才喝水。

Q 哪個時段練習走路比較有效果？

A 沒有特定的時間，隨時都可以實行，但早上做效果最佳。從早晨就小心注意自己的姿勢，走路時不要讓身體歪斜，自然就會神清氣爽，擁有美好的一天。此外，黃昏時練習走路的話，可以消耗一整天所吸收的熱量，想要快點看出成果的話，建議早晚各練習一次。但是，飯後1小時內不宜運動。

走路瘦身法的體驗者 2

Yuki小姐

「久違的朋友甚至認不出我了！」

機緣　「學生時代參加滑雪和競走等活動，因此習慣讓膝蓋保持微彎。當我想要改善這個壞習慣時，正好在雜誌上看到高岡老師的課，就速速報名了。」

上課的效果　「這個課程中會教你如果從腰部移動身體，和美麗的手的擺動方式，讓你擁有美麗的姿態。上完課後，我對自己更加有自信，在久久一次的同學會中，朋友們竟然都認不出我了呢！（笑）」

日常生活中的注意事項　「之後我對骨頭和身體構造愈來愈有興趣，因而開始學習皮拉提斯。日常生活中，在公車上也要讓大腿內側出力，坐時也注意不要駝背，將骨盤挺直等等。」

結尾

「我並不是天生麗質。」

每堂課一開始，我都會對我的客戶和學生這樣說。我曾看過無數想要變瘦、變美的人，當初他們都很興沖沖地來找我諮詢；而每當他們開始上課，感到受挫後，我都會用這句話來鼓勵他們。

小時候我因為身高太高，被同班同學嘲笑而感到自卑。但是，因為我的父母就是非常努力的人，受到他們的影響，我也下定決心要把這份自卑轉為正面的能量，小學三年級我就立志將來要成為模特兒。

但是，我雖然身高很高，但並不是傾國傾城的美女，要能實現我的夢想，變成時尚模特兒並不是一件很容易的事。我行事笨拙，要達到一個目的常常會要走很多冤枉路，花別人好幾倍的時間。所以，我做任何事都要付出別人2～3倍的努力才行。出於自身對於美的強烈憧憬和堅定的意志，推動我朝向我的夢想前進。

我誠心地為閱讀本書想要瘦身的朋友加油。請大家不要放棄，努力達成自己的目標吧。人只要外表改變，內心就會改變，而你的內在會讓你的外在更加豐富。為了讓更多的人能「從裡美到外」，我今後也會努力地向各位傳達姿勢和走路的重要性，希望能對各位有所幫助。

最後，我想要謝謝Transworld Japan的各位給我機會出版這本書，還有一直為我加油的學生們，以及長久以來支援我活動，負責處理行政庶務，在走路協會中可愛的伙伴們，我衷心獻上感謝。

然後，謝謝各位讀者閱讀這本書，祝各位青春美麗。

高岡玉美

國家圖書館出版品預行編目(CIP)資料

超驚人的走路瘦身法：1天30秒用對方法走路就能瘦！/ 高岡玉美著；蔡依倫翻譯 . -- 初版 . -- 新北市：大樹林，2012.05
面；　公分 . --（自然生活；5）
ISBN 978-986-6005-05-3（平裝附數位影音光碟）

1. 塑身 2. 減重 3. 健身運動

425.2　　101007539

Natural Life 自然生活 05

超驚人的走路瘦身法：
1天30秒用對方法走路就能瘦！

作　者 / 高岡玉美
翻　譯 / 蔡 依 倫
編　輯 / 盧 化 茵
封面設計 / 碼非創意企業有限公司
排　版 / 陽明電腦排版股份有限公司
出版者 / 大樹林出版社
地　址 / 新北市中和區中山路2段530號6樓之1
電　話 / (02) 2222-7270
傳　真 / (02) 2222-1270
網　站 / www.guidebook.com.tw
E- mail / notime.chung@msa.hinet.net
發行人 / 彭文富
劃　撥 / 戶名：大樹林出版社
帳號：18746459
總經銷 / 知遠文化事業有限公司
地　址：新北市深坑區北深路3段155巷23號7樓
電　話：(02)2664-8800　傳　真：(02)2664-8801
初　版 / 2012年6月

STAFF(日)

編輯　嶺月香里／上野建司
（Transworld Japan Inc.）
攝影　遠藤宏
插圖　大澤純子
化粧　長井織
設計　高橋了
協助製作　飯島聖加（部分）
協助・監修
一般社團法人　日本姿勢和走路協會
淺田千鶴（美國運動醫學會認定瘦身特別專員）
服裝提供
Newbalance／N・F・C

ICHINICHI SANJYUBYO RAKUSITEYASERU！ DAIETTO WHOKINGU by Yoshimi Takaoka

First original Japanese edition published by Transworld Japan CO., LTD. Janpan
Chinese (in traditional character only) traditional rights arranged with Transworld Japan CO., LTD. Janpan
Through CREEK & RIVER Co., Ltd.

定價 / 220元　ISBN / 978-986-6005-05-3

Printed in Taiwan